黄河水沙数据仓库构建和水沙变化预测技术

夏润亮　刘启兴　党素珍　等著
李　涛　杨胜天

黄河水利出版社
·郑州·

图书在版编目(CIP)数据

黄河水沙数据仓库构建和水沙变化预测技术. 夏润亮等著. —郑州:黄河水利出版社,2024. 1

ISBN 978-7-5509-3820-5

Ⅰ. ①黄…　Ⅱ. ①夏…　Ⅲ. ①黄河流域-含沙水流-数据管理-研究　Ⅳ. ①TV152

中国国家版本馆 CIP 数据核字(2024)第 009547 号

责任编辑	乔韵青	责任校对	王单飞
封面设计	黄瑞宁	责任监制	常红昕
出版发行	黄河水利出版社		

地址:河南省郑州市顺河路 49 号　邮政编码:450003

网址:www. yrcp. com　E-mail:hhslcbs@ 126. com

发行部电话:0371-66020550

承印单位	河南新华印刷集团有限公司
开　　本	787 mm×1 092 mm　1/16
印　　张	9. 5
字　　数	220 千字
版次印次	2024 年 1 月第 1 版　　2024 年 1 月第 1 次印刷

定　　价　98. 00 元

前　言

近年来，黄河水沙条件发生了剧烈变化，掌握黄河水沙情势是治黄方略确定、水沙调控工程布局和水资源配置的基础。众多学者围绕水沙变化开展了大量的研究工作，积累了海量的基础数据，为了能够更科学全面地获取、管理及使用黄河流域气象降雨、水文泥沙、土地利用、林草梯田等属性数据，为黄河流域未来水沙变化预测提供规范统一的数据源，提升黄河水沙变化的研究进展成果，急需开展多源异构数据汇集和融合技术研究，构建黄河水沙基础数据仓库及数据公共服务平台，并基于前沿的水沙变化预测分析技术和方法，为黄河治理开发与保护提供技术支撑。

本书针对水沙变化研究需求，采用多源异构数据汇集及 ETL 处理等技术，整编汇集了黄河流域降雨气象、水文泥沙、地理信息、水利工程、社会经济以及科学试验等数据信息，提出了数据驱动的水沙变化预测技术，构建了黄河水沙基础数据仓库及共享平台；基于数据挖掘分析方法，明晰了黄河流域侵蚀性降雨、水沙多时空特征、主要产沙区林草梯田覆盖率演变及现状空间分布，为水沙变化预测提供了新途径。

限于作者水平，书中难免有不足之处，恳请读者批评指正。

作　者

2024 年 1 月

目 录

第 1 章 概 述

黄河流域面积 79.58 万 km^2(含内流区面积 4.2 万 km^2),全长 5 464 km,流经青海、四川、甘肃、宁夏、内蒙古、山西、陕西、河南、山东等 9 省(区),在山东省东营市垦利区注入渤海。黄河花园口以上流域面积大于 1 000 km^2 的一级支流 73 条。黄河 99%以上的河川径流来自花园口以上地区,其中潼关以上占 86%。

黄河流域地势西高东低,大致分为三个台阶。第一个台阶是流域西部的青藏高原,海拔 3 000 m 以上,其南部的巴颜喀拉山脉是黄河与长江的分水岭,北部抵达湟水和洮河流域,涉及黄河兰州以上的绝大部分地区。除唐乃亥以下的黄河两侧谷地、湟水下游低山丘陵和洮河下游地区外,该区总体上水土流失轻微,是黄河径流的主要来源区,其中兰州以上来水占花园口断面的 59%。第二个台阶大致以阴山、贺兰山、太行山和秦岭为界,海拔 1 000~2 000 m,区内涉及河套平原、鄂尔多斯高原、黄土高原、汾渭盆地、秦岭山脉和太行山地等地貌单元,其中长城以北的鄂尔多斯高原气候干旱、风沙地貌发育,长城以南的黄土高原为黄土所覆盖,是黄河泥沙的主要来源区。第三个台阶由黄河下游冲积平原和鲁中丘陵组成,该区产流产沙对黄河水沙的贡献很小。

进行黄河流域的治理开发规划及防洪、河道整治等,都必须了解、掌握黄河水沙变化的基本情况和基本规律。近年来,黄河水沙条件发生了很大变化。2000~2016 年,潼关年均输沙量和汛期含沙量分别只有 2.74 亿 t 和 23.6 kg/m^3,减少了 83%和 61%;花园口断面天然径流量也只有 452 亿 m^3/年。黄河水沙情势是治黄方略确定、水沙调控工程布局和水资源配置的基础。

近年来,众多学者围绕水沙变化开展了大量的研究工作,积累了海量的基础数据,为了能够更科学全面地获取、管理及使用黄河流域气象、水文泥沙、土地利用、林草梯田等属性数据,为黄河流域未来水沙变化预测提供规范统一的数据源,提升黄河水沙变化的研究进展成果,有必要开展多源异构数据汇集和融合技术研究,构建黄河水沙基础数据仓库及数据公共服务平台,并基于前沿的水沙变化原因分析技术和方法,为黄河治理开发与保护提供技术支撑。

本书针对水沙变化研究需求,采用多源异构数据汇集及 ETL 处理等技术,整编汇集了黄河流域降雨气象、水文泥沙、地理信息、水利工程、社会经济以及科学试验等数据信息,提出了数据驱动的水沙变化预测技术,构建了黄河水沙基础数据仓库及共享平台;基于数据挖掘分析方法,明晰了黄河流域侵蚀性降雨、水沙多时空特征、主要产沙区林草梯田覆盖率演变及现状空间分布。

第 2 章 数据收集与处理方法

2.1 降雨数据收集与处理

降雨数据是水沙变化研究的基础,本书收集整理包括逐日降雨数据、水文站长序列逐月降雨数据、降雨量摘录数据等共 1 200 万条数据,涵盖研究区内 728 个雨量站、42 个水文站,多数站点数据时间跨度为 1966 年至今。同时在这些数据基础上计算了包括年降水量、汛期降雨量以及量级降雨等降雨指标。

2.1.1 逐日降雨数据

2.1.1.1 雨量站降雨数据

考虑雨量站空间均衡分布因素,加之部分雨量站存在时测时停的问题,选用研究区内有连续观测数据的 728 个雨量站(见图 2-1),其中 1966 年之前设站的雨量站共 413 个。对所有雨量站的资料进行了整理和校核等工作,保证了数据的可靠性,共收录了 35 252 站年的数据。

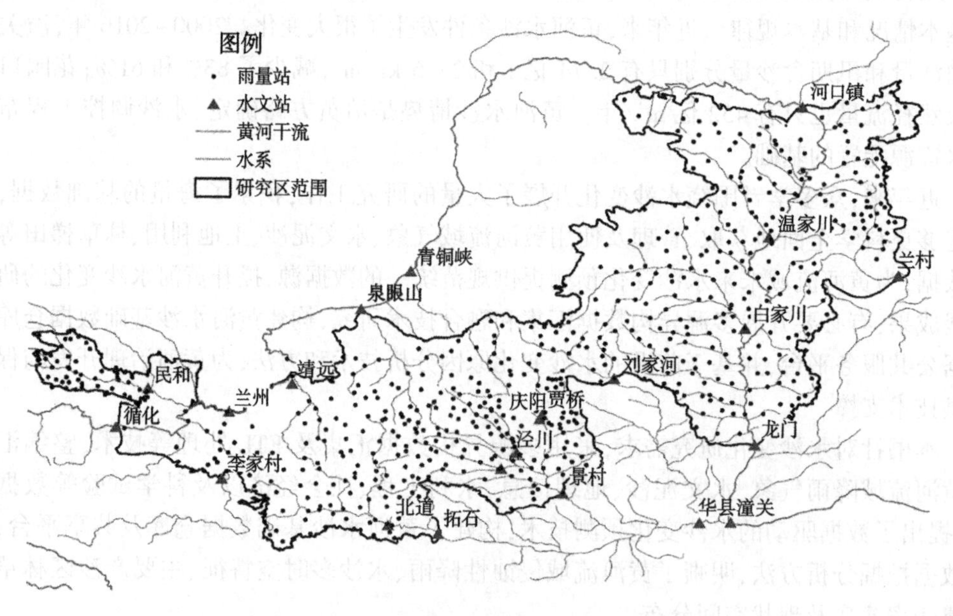

图 2-1 研究区雨量站分布图

2.1.1.2 国家气象站降雨数据

本书收集了黄河上中游范围内 87 个国家基本气象站 20 世纪 50 年代以来逐日的降雨、气温、风速、相对湿度等气象要素资料,数据来源为中国气象科学数据共享服务网提供的“中国地面气候资料日值数据集”。黄河流域上中游国家基本气象站分布情况如图 2-2 所示。

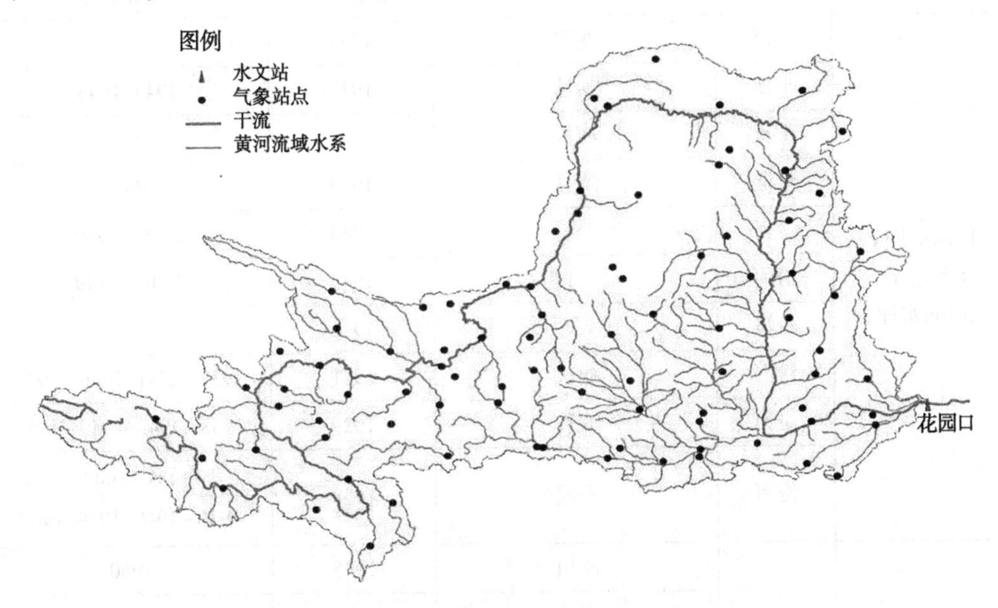

图 2-2　黄河流域上中游国家基本气象站分布情况

2.1.2　水文站长序列逐月降雨数据

根据黄河流域水文年鉴资料,整理了黄河上中游地区 42 个水文站自建站以来长序列的逐月降雨数据,资料整编情况见表 2-1。

表 2-1　黄河上中游地区主要水文站逐月降雨整编情况

区域	水系	站名	起始年份	缺测年份
黄河上游	干流	循化	1945	
	湟水	民和(享堂站)	1940	
	洮河	李家村	1947	
	祖厉河	靖远	1945~1967	1950~1952
	干流	青铜峡	1939	
	干流	石嘴山	1942	
	干流	渡口	1947	
	清水河	泉眼山(中宁)	1945	1949、1950
	干流	中宁	1940	1950~1952
	哈拉沁沟	呼和浩特	1920	1928、1938~1946
中游区上段(河口镇至龙门)	干流	吴堡	1934	1938~1950
	无定河	米脂	1934	1943~1950

续表 2-1

区域	水系	站名	起始年份	缺测年份
中游区下段（龙门至三门峡水库）	干流	龙门	1934	
	干流	朝邑	1931	1943、1944
	干流	潼关	1931	1933
	干流	陕县	1919	1945
	汾河	静乐	1943	1946~1949
	汾河	兰村	1943	1946~1949
	汾河	太原	1916	
	汾河	榆次	1931	1937~1941、1946~1949
	汾河	太谷	1929	1938~1943、1949~1950
	汾河	平遥	1920	1938~1942、1946~1949、1959、1960
泾洛渭河	泾河	泾川	1935	1960
		亭口	1934	1939~1946、1949~1950
		旬邑	1931	1946~1950
		张家山	1934	1939、1940
		永寿	1935	1941~1952
	北洛河	富县	1933	1940~1950
		黄陵	1931	1943~1952、1960~1962
		洑头	1934	
		白杨树（蒲城）	1931	1943~1945、1947~1952
		大荔	1931	1943、1944、1950
	渭河	南河川	1945	
		林家村	1934	
		咸阳	1931	
		富平	1932	1949、1950
		淳化	1931	1941、1943、1949、1950、1957
		华县	1931	
		斜峪关	1937	1941
		黑峪口	1940	
		涝峪口（谭庙）	1943	
		秦渡	1936	1939~1941

2.1.3　降雨量摘录数据

本书主要收集了河龙区间1953～2016年、北洛河1966～2015年、汾河2006～2015、渭河2007～2016年的降雨量摘录数据，数据来自水文年鉴以及黄河水利委员会(简称黄委)和相关省(区)水文部门数据库。共收录了28 132站年的数据。

通过对降雨摘录数据进行时间重采样，生成时间步长为1 h的降雨数据。

采用式(2-1)和式(2-2)对降雨量摘录数据进行时间重采样：

$$R_{5\ \mathrm{min}_{i,j}} = \frac{R_{x_1,x_2}}{x_1,x_2} \times 5 \tag{2-1}$$

式中：$R_{5\ \mathrm{min}_{i,j}}$为某降雨记录5 min内降雨量均值；$R_{x_1,x_2}$为某降雨记录内降雨总量；$x_2,x_1$为某时段降雨记录起止时间，min。

$$R_i = \sum_{i=1}^{12} R_{5\ \mathrm{min}_{i,j}} \tag{2-2}$$

式中：R_i为规整后第i小时的降雨总量；$R_{5\ \mathrm{min}_{i,j}}$为某降雨记录5 min内降雨量均值。

2.1.4　降雨指标计算

2.1.4.1　降雨指标选取

考虑到降雨指标对研究区产流产沙的影响特征，本书选取的降雨指标包括年降雨量、汛期降雨量以及量级降雨。其中，量级降雨指雨量站日降雨量大于10 mm、25 mm、50 mm和100 mm的年降雨总量，分别定义为中雨、大雨、暴雨和大暴雨，分别用P_{10}、P_{25}、P_{50}和P_{100}表示，单位为mm。量级降雨不仅反映了降雨总量对产流产沙的影响，同时体现了降雨强度对区域产流和产沙的影响。

黄土地区可引起侵蚀的日降雨量标准在坡耕地、人工草地和林地分别为8.1 mm、10.9 mm和14.6 mm，进而提出将10 mm作为临界雨量标准。P_{50}/P_{10}反映暴雨占侵蚀性降雨的比例，代表侵蚀性降雨中的暴雨集中度，作为雨强指标。

2.1.4.2　区域面平均降雨量

逐年统计各雨量站的年降水量、汛期降雨量、P_{10}、P_{25}、P_{50}和P_{100}，然后根据雨量站控制面积进行加权平均，即得到各水文分区的面平均降雨量，计算公式如下(以P_{50}为例)：

$$P_{50} = \frac{\sum_{i=1}^{n} P_{50i} f_i}{F} \quad (i = 1,2,\cdots,n) \tag{2-3}$$

式中：F为水文分区的总面积；P_{50i}为单站日降雨量大于50 mm的年降雨总量；f_i为单站控制面积；i为雨量站编号；n为区内的雨量站个数。

2.2　植被数据收集与处理

植被作为土地覆被系统中的主要组分，是陆地生态系统存在的基础条件，也是连接土壤、大气、水分和人类土地利用的自然“纽带”。植被是陆地表面能量交换过程、生物地球化学循环过程和水文循环过程中重要的下垫层，在土地利用、覆被变化、全球变化研究中起着“指示器”的作用。归一化植被指数(NDVI)及植被盖度被认为是反映植被生长状态及植被覆盖程度的最佳指示因子，是监测区域或全球植被和生态环境变化的最有效指标。

本书收集整理反映研究区从1981年至今下垫面植被情况的遥感数据1 400余幅，共268 G，包括GIMMS NDVI、MODIS NDVI以及Landsat影像。

2.2.1 植被指数

2.2.1.1 GIMMS NDVI 数据

AVHRR(advanced very high resolution radiometer)是NOAA卫星上搭载的传感器，自1979年TIROS-N卫星发射以来，NOAA系列卫星的AVHRR传感器就持续进行着对地观测任务。AVHRR是多光谱通道扫描辐射仪，星上探测器扫描角为±55.4°，探地面探测条带宽2 800 km。AVHRR扫描辐射仪最初是为气象预报设计的。

第三代GIMMS NDVI数据集存储格式为NETCDF4，一个NC文件包含半年数据，每月两期数据，运用IDL编程语言进行格式转换，GIMMS NDVI数据集经过镶嵌、投影转换、裁剪等预处理，采用最大值合成法合成为月、季、年尺度植被指数数据，以减少云层和月内物候循环的影响。

2.2.1.2 MODIS NDVI 数据

中分辨率成像光谱仪MODIS(moderate-resolution imaging spectroradiometer)是Terra和Aqua卫星上搭载的主要传感器之一，两颗卫星相互配合，每1~2 d可重复观测整个地球表面，得到36个波段的观测数据，其精确的预测将有助于决策者制定与环境保护相关的重大决策，因此MODIS在发展有效的、全球性的用于预测全球变化的地球系统相互作用模型中起着重要的作用。

对MODIS NDVI数据集与GIMMS NDVI数据集重叠时期数据(2000年2月至2015年12月)同样采用最大值合成法进行月、季、年数据计算，首先提取出每月的NDVI均值，然后两数据集按照3~5月、6~8月、9~11月、12月至翌年2月采用均值法计算得出春、夏、秋、冬四季度的季数据，最后将两数据集合成为年数据。

2.2.2 植被盖度

2.2.2.1 Landsat 数据

Landsat数据主要选用1978年前后MSS、1998年前后TM、2010年前后TM、2016年前后Landsat8 OLI多源遥感数据(见表2-2~表2-5)。其中，1978年前后MSS数据空间分辨率为57 m，代表20世纪80年代的下垫面状况，经重采样后，数据空间分辨率为30 m。

表 2-2　遥感数据源成像信息

Landsat_MSS		Landsat_TM		Landsat8 OLI	
行列号	成像时间（年-月-日）	行列号	成像时间（年-月-日）	行列号	成像时间（年-月-日）
134-34	1981-07-22	125-34	2000-07-01	125-33	2016-09-07
135-33	1976-06-25	125-35	2000-07-01	125-34	2016-09-07
135-34	1976-06-25	125-35	2001-07-12	125-35	2016-09-07
135-35	1980-06-13	126-33	2000-06-30	126-33	2016-07-28
129-35	1981-09-30	126-34	2000-06-30	126-34	2015-09-12
130-34	1982-06-04	126-35	2000-06-30	126-35	2015-07-26
130-35	1980-08-22	125-34	2010-09-23	126-32	2016-07-28
130-36	1980-08-26	125-35	2010-09-23	126-33	2016-07-28
131-34	1982-07-29	126-33	2009-07-09	126-34	2015-09-12
131-35	1983-09-02	126-34	2009-06-23	126-35	2016-07-28
131-36	1980-07-08	126-35	2011-07-15	127-32	2015-07-01
132-34	1980-08-26	129-34	2002-06-25	127-33	2015-07-01
132-35	1980-09-22	129-35	2001-05-21	127-34	2015-07-01
132-36	1984-08-27	129-36	2002-07-11	127-35	2015-07-01
133-34	1983-05-07	130-34	2000-08-29	127-36	2016-06-17
133-35	1983-05-27	130-35	1998-07-23	127-37	2016-06-17
134-33	1977-10-09	130-36	2001-06-21	128-32	2016-07-26
134-34	1980-08-30	131-34	2000-09-21	128-33	2016-08-27
		131-35	1994-07-19	128-34	2016-08-27
		131-36	2001-09-21	128-35	2016-08-27
		132-34	2001-07-13	128-36	2015-07-24
		132-35	1996-08-16	129-34	2015-09-01
		132-36	2001-08-14	129-35	2015-07-15
		133-34	2001-08-26	129-36	2015-07-15
		133-35	2001-07-04	130-36	2015-07-06
		134-33	2000-07-24	127-36	2016-06-17
		134-34	2000-07-24	129-34	2015-09-01
		128-36	2010-05-18	129-35	2015-05-12
		129-34	2004-07-16	129-36	2016-07-01

续表 2-2

Landsat_MSS		Landsat_TM		Landsat8 OLI	
行列号	成像时间（年-月-日）	行列号	成像时间（年-月-日）	行列号	成像时间（年-月-日）
		129−35	2010-07-17	130−34	2016-08-09
		129−36	2010-07-17	130−35	2015-07-06
		130−34	2011-08-08	130−36	2015-07-06
		130−35	2011-07-27	131−34	2016-07-31
		130−36	2011-08-28	131−35	2016-07-15
		131−34	2010-08-21	131−36	2016-07-15
		131−35	2010-08-16	132−34	2015-09-06
		131−36	2009-07-28	132−35	2016-09-22
		132−34	2011-06-07	133−34	2013-08-15
		132−35	2011-08-10	133−35	2016-07-29
		132−36	2010-08-07	134−33	2016-07-04
		133−34	2006-09-20	134−34	2016-07-04
		133−35	2010-07-29		
		134−33	2010-08-15		
		134−34	2009-06-14		

表 2-3　Landsat_MSS 主要参数

类型	波长/μm	分辨率/m	主要作用
绿色波段	0.5~0.6	57	对水体有一定透射能力，清洁水体中透射深度可达 10~20 m，可判读浅水地形和近海海水泥沙，可探测健康绿色植被反射率
红色波段	0.6~0.7	57	用于城市研究，对道路、大型建筑工地、砂砾场和采矿区反映明显；可用于地质、水中泥沙含量研究；进行植被分类
近红外	0.7~0.8	57	区分健康与病虫害植被，水陆分界，土壤含水量研究
近红外	0.8~1.1	57	测定生物量和监测作物长势，水陆分界，地质研究

表 2-4　Landsat_TM 主要参数

类型	波长/μm	分辨率/m	主要作用
蓝绿波段	0.45~0.52	30	水体穿透,分辨土壤植被
绿色波段	0.52~0.60	30	分辨植被
红色波段	0.63~0.69	30	处于叶绿素吸收区域,用于观测道路、裸露土壤、植被种类,效果很好
近红外	0.76~0.90	30	估算生物数量,尽管这个波段可以从植被中区分出水体,分辨潮湿土壤
中红外	1.55~1.75	30	分辨道路、裸露土壤、水,它还能在不同植被之间有好的对比度,并且有较好的穿透大气、云雾的能力
热红外	10.40~12.50	120	感应发出热辐射的目标
中红外	2.08~2.35	30	对于岩石、矿物的分辨很有用,也可用于辨识植被覆盖和湿润土壤

表 2-5　Landsat8 OLI 主要参数

类型	波长/μm	分辨率/m	主要作用
海岸波段	0.433~0.453	30	海岸带观测
蓝色波段	0.450~0.515	30	水体穿透,分辨土壤植被
绿色波段	0.525~0.600	30	分辨植被
红色波段	0.630~0.680	30	处于叶绿素吸收区,用于观测道路、裸露土壤、植被种类等
近红外	0.845~0.885	30	估算生物量,分辨潮湿土壤
中红外	1.560~1.660	30	分辨道路、裸露土壤、水,还能在不同植被之间有好的对比度,并且有较好的大气、云雾分辨能力
中红外	2.100~2.300	30	对岩石、矿物的分辨很有用,也可用于辨识植被覆盖和湿润土壤
全色波段	0.500~0.680	15	为 15 m 分辨率的黑白图像,用于增强分辨率,提高分辨能力
水汽吸收波段	1.360~1.390	30	包括水汽强吸收特征,可用于云检测

2.2.2.2　植被盖度信息提取

植被盖度一般定义为观测区域内植被垂直投影面积占地表面积的百分比,它是刻画地表植被覆盖的重要参数,也是指示生态环境变化的重要指标。在流域径流过程、侵蚀产沙过程及水沙变化模拟研究中,植被盖度常作为主要的控制性因子输入。

随着遥感的发展及光学、热红外和微波等不同卫星传感器对地观测的应用,可以方便、快捷地获取同一地区多时相、多波段遥感数据，为监测大面积区域甚至全球的植被覆盖度及其动态变化分析提供了强有力的手段。由于归一化植被指数（NDVI）与植被长势、生物量、盖度和叶面积指数等有较强相关性，而且能部分消除辐照条件变化对反演参数的影响，用式（2-4）所示像元二分模型反演植被盖度。

$$\begin{cases} VC = (NDVI - NDVI_{soil})/(NDVI_{veg} - NDVI_{soil}) \\ NDVI = (NIR - R)/(NIR + R) \end{cases} \tag{2-4}$$

式中：VC 为植被盖度；$NDVI_{soil}$ 为裸土或无植被覆盖区 NDVI 值；$NDVI_{veg}$ 为完全被植被覆盖区 NDVI 值；NIR 为近红外波段；R 为红光波段。

为保证多时相遥感数据 NDVI 有可比性，原始数据经辐射定标、简单大气校正和几何精校正后，新生成 NDVI 用式（2-5）所示相邻图幅递进回归分析法消除时相差异。

$$Image'_i = k_{i-1} \times Image_i + q_{i-1} \quad (i = 2,3,\cdots,n) \tag{2-5}$$

式中：$Image'_i$ 为校正后影像数据矩阵；$Image_i$ 为原始影像数据矩阵；k_{i-1} 和 q_{i-1} 分别为影像数据矩阵 $OL = Image'_{i-1} - Image_i$ 的回归分析斜率与截距；n 为总的影像图幅数。

多数裸地表面的 $NDVI_{soil}$ 理论上应接近 0，但由于受大气效应和地表水分等的影响，$NDVI_{soil}$ 一般在-0.1~0.2；由于受植被类型影响，$NDVI_{veg}$ 也会随时间和空间而改变。因此，用土壤类型图分图斑统计 NDVI 的累积频率，选取土种单元内累积频率为 5%的 NDVI 值作为 $NDVI_{soil}$，用土地利用图分类型统计 NDVI 的累积频率，选取林地和草地累积频率为 95%的 NDVI 值作为 $NDVI_{veg}$。

2.2.2.3　植被盖度信息验证

经多次野外考察 GPS 定位拍摄典型样地照片，在植被盖度无显著变化区域内，用照相法植被覆盖度动态监测系统获取样地植被盖度。

2.3　土地利用数据收集与处理

土地利用变化研究是揭示区域环境变化的重要途径，土地利用变化对流域水文环境、水文过程、水文通量、水量平衡、水文化学以及流域生态系统动态都会产生十分重要的影响。由于水土流失在不同土地利用方式和土地利用格局中的发生机制不同，在影响土壤侵蚀和流域输沙的诸多因素中，土地利用变化是十分重要的方面。

本书通过遥感解译来提取土地利用信息，共收集整理遥感影像数据 80 余幅共 70 多 G，并通过无人机影像数据对土地利用解译成果进行验证，共获取 131 个采样点 553 条航带 9 170 幅影像。根据研究需要制作完成 1978 年、1998 年、2010 年及 2016 年 4 期黄河主要产沙区土地利用数据成果。

2.3.1　土地利用信息提取

2.3.1.1　湟水河流域

湟水河流域以 Landsat 为基础数据源，该区域需 4 景影像可完全覆盖，数据融合后空间分辨率分别为 15 m 和 30 m，具体信息见表 2-6。

表 2-6　湟水河流域数据基础信息

流域	时相(年-月-日)	卫星	景数	文件名
湟水河流域	2010-05-10	Landsat5 TM	1	LT51330342010130
	1987-08-17	Landsat5 TM	1	LT51330341987227
	2010-03-15	Landsat5 TM	1	LT51320352010075
	1989-01-25	Landsat4 MSS	1	LT41320351989025
	2010-09-11	Landsat5 TM	1	LT51320342010251
	1989-04-23	Landsat5 TM	1	LT51320341989113
	2010-02-05	Landsat5 TM	1	LT51310352010036
	1989-01-02	Landsat4 MSS	1	LT41310351989002
	2000-08-13	Landsat ETM+	1	LE71330342000223
	2000-03-28	Landsat ETM+	1	LE71320352000088
	2000-11-05	Landsat ETM+	1	LE71310352000305
	2016-08-03	Landsat8 OLI	1	LC81310352016213
	2016-08-01	Landsat8 OLI	1	LC81330342016211
	2016-05-04	Landsat8 OLI	1	LC81320352016124
	2016-05-04	Landsat8 OLI	1	LC81320342016124
	2000-08-14	Landsat5 TM	1	LT51320342000224

2.3.1.2　洮河流域

洮河流域以 Landsat 为基础数据源,该区域需 5 景影像可完全覆盖,数据融合后空间分辨率为 15 m,具体信息见表 2-7。

表 2-7　洮河流域数据基础信息

流域	时相(年-月-日)	卫星	景数
洮河中下游	2016-07-31	Landsat8	1
	2015-07-06	Landsat8	1
	2009-07-28	Landsat5	1
	2010-06-22	Landsat5	1
	2000-09-14	Landsat5	1
	2000-09-21	Landsat5	1

2.3.1.3　渭河流域

渭河流域以 Landsat 为基础数据源,该区域需 6 景 Landsat 影像和 1 景环境星影像可完全覆盖,数据时相主要为 5~8 月,具体信息见表 2-8。

表 2-8 渭河流域数据基础信息

流域	时相(年-月-日)	卫星	景数
渭河	2016-04-29	Landsat8	1
	2015-08-06	Landsat8	1
	2016-08-01	Landsat8	1
	2014-05-18	Landsat8	1
	2015-08-06	Landsat8	1
	2016-06-17	Landsat8	1
	2010-07-19	环境	1

2.3.1.4 祖厉河流域

祖厉河流域以 Landsat 为基础数据源,该区域需 4 景影像可完全覆盖,数据时相为 8~9 月,融合后空间分辨率分别为 15 m 和 30 m,具体信息见表 2-9。

表 2-9 祖厉河流域数据基础信息

流域	时相(年-月-日)	卫星	景数	影像编号
祖厉河	2015-08-06	Landsat8	1	LC81300352015187
	2010-08-25	Landsat5	1	L5130035_03520100825
	2000-09-14	Landsat5	1	LT51300352000258BJC00
	1991-09-06	Landsat5	1	LT51300351991249BJC00

2.3.1.5 泾河、苦水河、清水河

泾河、苦水河、清水河使用 Landsat 和环境星数据作为基础数据源,该区域需 13 景数据可完全覆盖,数据时相为 2015 年 8 月,融合后空间分辨率分别为 15 m 和 30 m,具体信息如表 2-10 所示。

2.3.1.6 延河、云岩河、仕望川、北洛河 4 个流域

延河、云岩河、仕望川、北洛河 4 个流域使用 Landsat 影像作为基础数据源,数据时相为 2016 年 8 月,融合后空间分辨率为 15 m。

2.3.1.7 无定河和清涧河流域

无定河流域需 4 景 Landsat 数据和 3 景环境星影像可完全覆盖,数据时相主要为 4~7 月,具体信息见表 2-11。

2.3.1.8 十大孔兑区域

该流域需 2 景 Landsat 数据可覆盖,其他时相也采用了环境星影像,具体信息见表 2-12。

表2-10 泾河、苦水河、清水河流域数据基础信息

流域	时相(年-月)	行列号	卫星	景数
泾河	2016-06	12736	Landsat8	7
		12834	Landsat8	
		12835	Landsat8	
		13035	Landsat8	
		12934	Landsat8	
		13034	Landsat8	
		13035	Landsat8	
清水河	2016-07	12934	Landsat8	3
		12935	Landsat8	
		13034	Landsat8	
苦水河	1986-06	12934	Landsat5	1
	2010-08	12934	环境星	1
	2016-05	12934	Landsat8	1

表2-11 无定河和清涧河流域数据基础信息

流域	行列号	时相(年-月-日)	卫星	景数
无定河	128033	2015-07-27	Landsat8	1
	128034	2016-07-30	Landsat8	1
	127033	2016-04-17	Landsat8	1
	127034	2016-04-17	Landsat8	1
		10hj12-68jz1	环境卫星	1
		10hj6-72jz	环境卫星	1
		10hj-68jz	环境卫星	1
清涧河(2000)	129034	2000-08-01	Landsat7	1
	129035	2000-08-01	Landsat7	1
	130034	2000-07-04	Landsat7	1

表 2-12 十大孔兑流域数据基础信息

流域	卫星	影像编号	时相(年-月-日)
十大孔兑	Landsat7(2000)	LE71270322000181HIJ00	2000-06-29
	Landsat7(2000)	LE71280322000188SGS00	2000-07-06
	环境卫星	10hj7-68jz	2010-06-07
	Landsat8 OLI	LC81280322016176LGN00	2016-06-24
	Landsat8 OLI	LC81270322016217LGN00	2016-08-04

2.3.1.9 河龙未控区

该流域需 5 景 Landsat 数据可覆盖,时相主要在 5~7 月,融合后空间分辨率为 15 m,具体信息见表 2-13。

表 2-13 河龙未控区数据基础信息

流域	环境卫星	影像编号	时相(年-月-日)
河龙未控区	Landsat8 OLI	LC81270322015182LGN00	2015-07-01
	Landsat8 OLI	LC81270342016137LGN00	2016-05-16
	Landsat8 OLI	LC81270332015182LGN00	2015-07-01
	Landsat8 OLI	LC81260352016210LGN00	2016-07-28
	Landsat8 OLI	LC81260332016210LGN00	2016-07-28

数据预处理重点检查了基础矢量数据中各个流域的拓扑问题。另外,也发现存在边界缺失、流域边界不完善、坐标出现偏移、字段缺失、缺少投影、碎图斑等问题。如苦水河的边界不完整,致使后续处理面临诸多问题。基于此,将拓扑问题总结为以下几类:要素之间的相邻、连接、覆盖、相交、重叠等关系。

根据前期的黄河流域实地勘察所得到的无人机照片、土地利用数据,参考黄河流域土地利用变化的相关文献以及年鉴数据,与前期室内矢量化数据的统计规律进行对比分析,寻找不符合变化规律的流域进行修改。

2.3.2 土地利用信息验证

利用无人机控制飞行 63 架次,获取飞行条带 55 条,验证土地利用和植被盖度。经检验,以上两者精度均大于 90%,表明遥感提取土地利用与植被盖度结果能满足研究需求。

自身检验完毕后进行二次审核,最终形成多时相土地利用数据集,具体出图结果如图 2-3、图 2-4 所示。黄河主要产沙区 1978 年、1998 年、2010 年、2016 年土地利用状况见图 2-5~图 2-8。

图 2-3　陕西绥德与甘肃永靖正射影像

图 2-4　陕西绥德与甘肃永靖三维实景模型

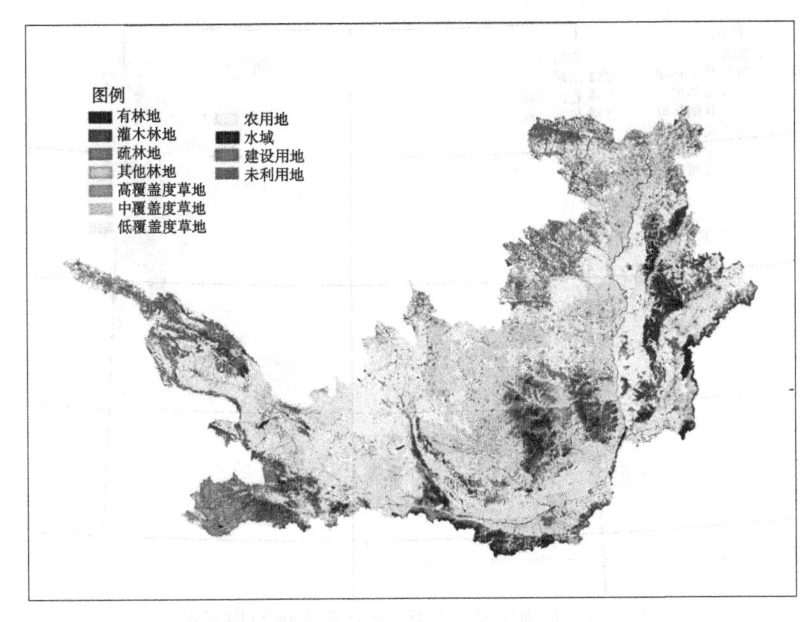

图 2-5　黄河主要产沙区 1978 年土地利用状况

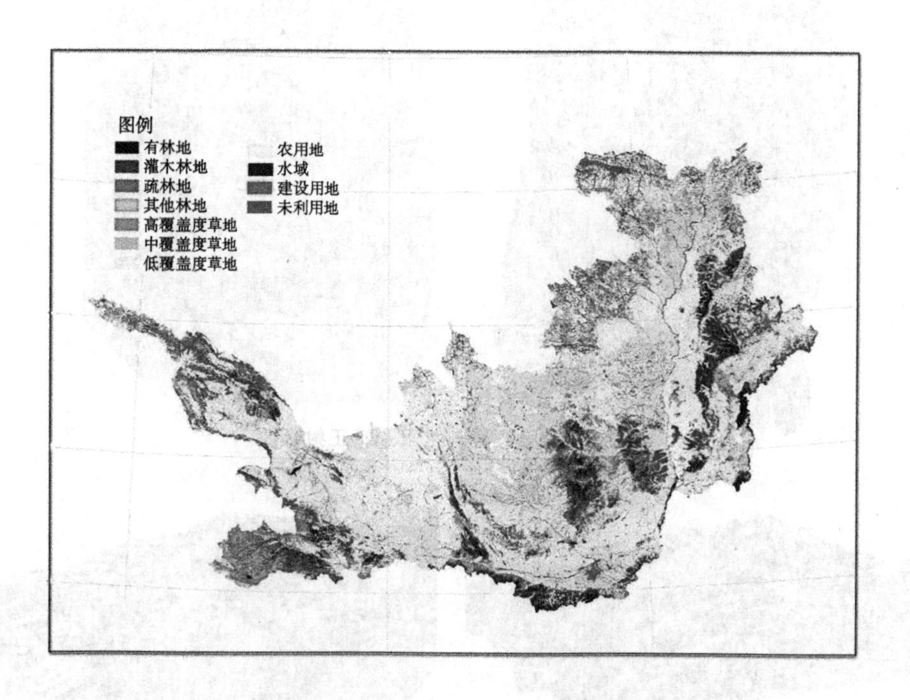

图 2-6　黄河主要产沙区 1998 年土地利用状况

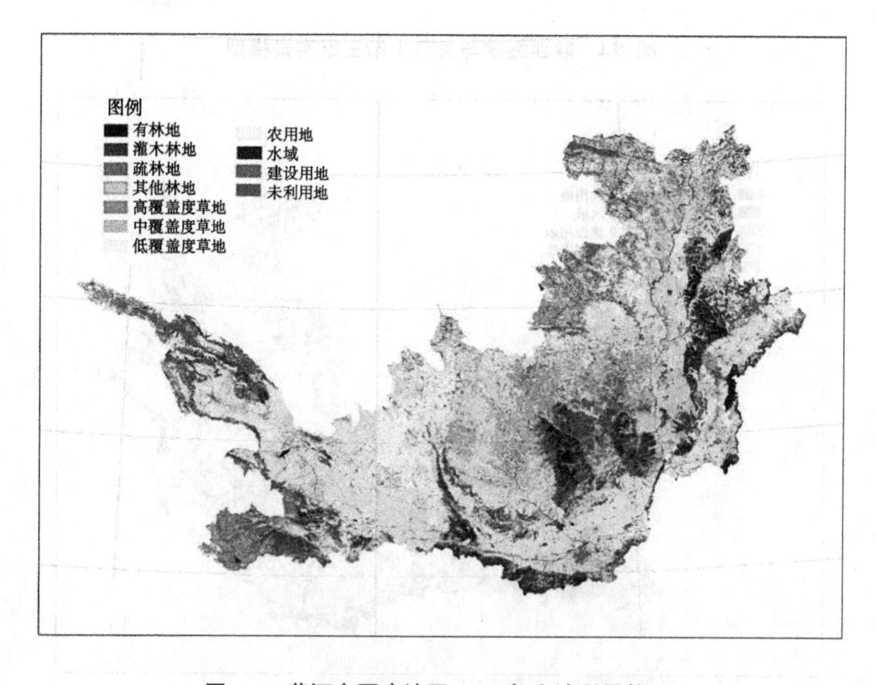

图 2-7　黄河主要产沙区 2010 年土地利用状况

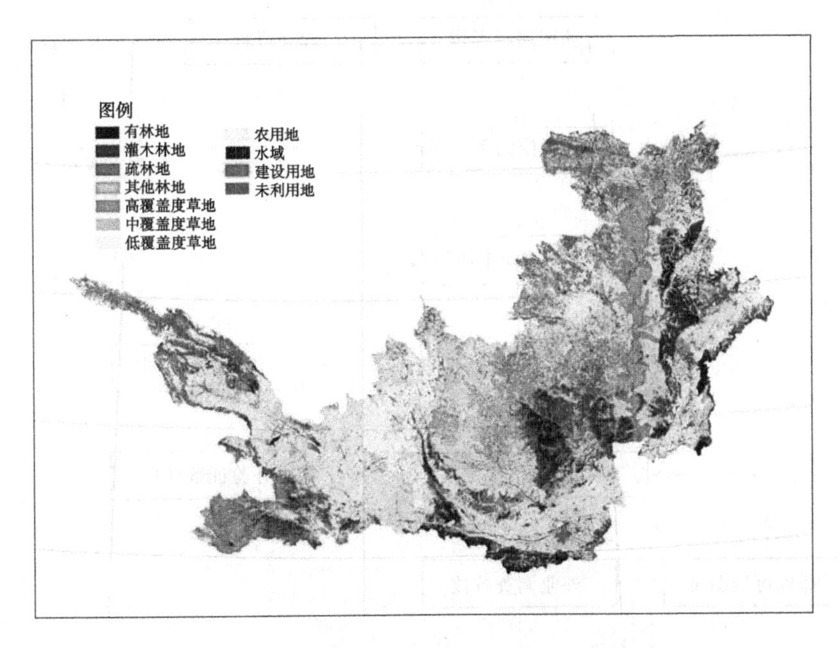

图 2-8　黄河主要产沙区 2016 年土地利用状况

2.4　梯田数据收集与处理

大规模梯田的建成运用是黄土高原下垫面变化的重大变化。根据以往研究成果,梯田在减少入黄泥沙过程中作用巨大。但以往项目采用的梯田基础数据,以统计口径为主,可信度有待商榷。因此,基于遥感影像进行梯田信息解译提取对研究黄河水沙变化趋势十分重要。

本书基于 30 m 分辨率的数字高程模型 DEM 和 2.1 m 分辨率的资源三号、高分一号卫星影像,采用人机交互解译方法,对 2012 年及 2017 年黄河流域梯田信息进行解译提取,解译区域包括洮河下游至大夏河折桥以下未控区、汾河水库上游 5 站—景村+三水河、浑河黄丘区及其入黄口以下—县川河未控区、昕水河以南地区、拓石—北道区间、湟水黄丘区及至循化区间未控区的黄丘区等,解译总面积约 9 万 km^2。

2.4.1　技术流程

根据项目任务和工作内容,运用卫星遥感资料、地理信息系统、全球卫星定位及网络通信等技术,采用内外业相结合的解译方法,形成集信息获取、处理、存储、传输、分析和应用服务于一体的梯田解译技术流程,具体流程如图 2-9 所示。

2.4.2　梯田数据解译

2.4.2.1　资料收集

收集资料包括:20 世纪 50 年代以来的梯田统计数据、水利普查、水土保持公报、水土保持志、重点项目成果报告以及国家和地方关于梯田建设的规划需求等资料。本书主要

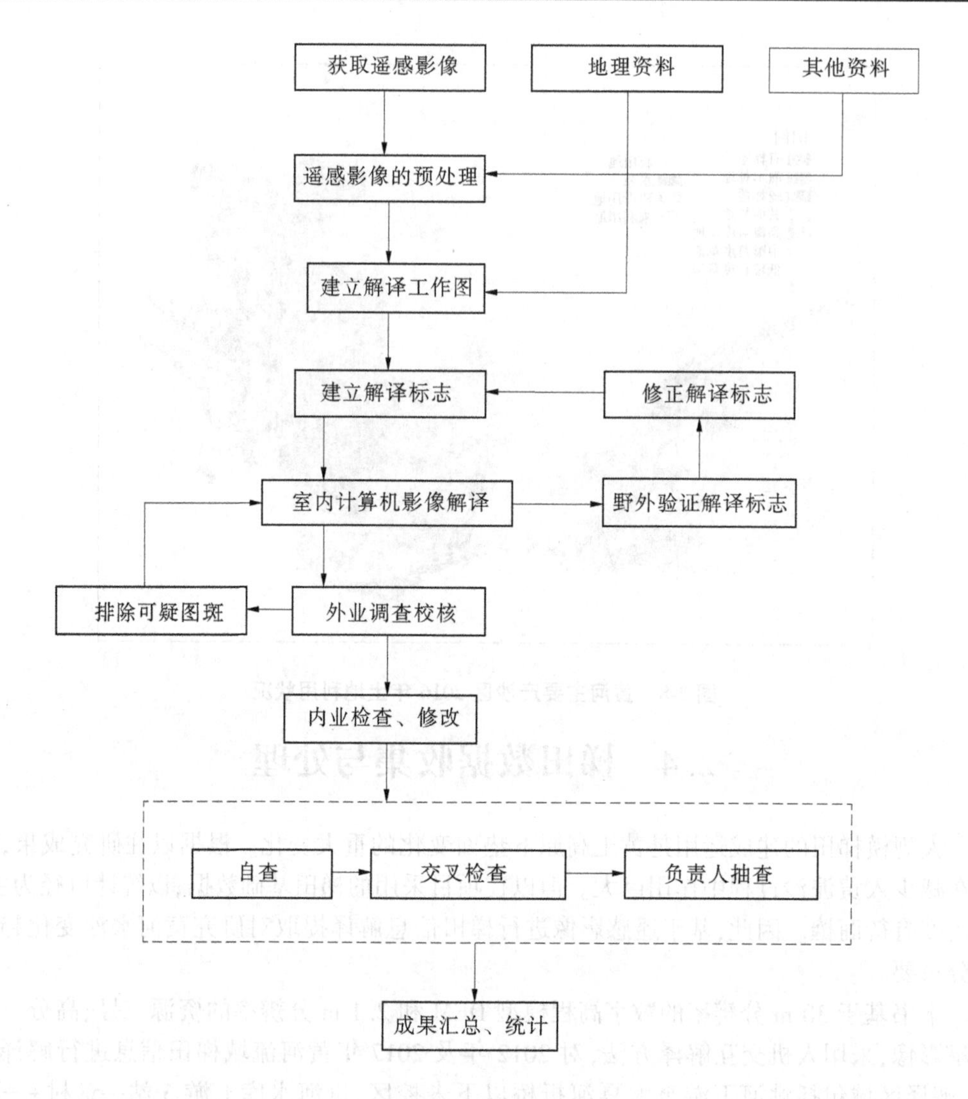

图 2-9　梯田解译流程

通过 2.1 m 高分辨率遥感影像解译，以影像上可见为判断标准，配合野外调查核实。

2.4.2.2　2012 年解译

按解译范围，经查询确定了满足梯田解译条件的影像。具体要求为 2.1 m 空间分辨率，2012 年 1~5 月、10~12 月，部分 2013 年 1~5 月，云量小于 10%等要求。以资源三号为主，辅以高分一号影像。

解译的遥感影像范围为渭河甘谷水文站以上、渭河仁大水文站以上、渭河会宁水文站以上、祖厉河定西东河水文站以上、渭河临洮水文站以上、湟水黄丘区及至循化区间未控区的黄丘区、洮河下游至大夏河折桥以下未控区、拓石—北道区间、汾河水库上游 5 站—景村+三水河、浑河黄丘区及其入黄口以下—县川河未控区、汾河兰村以上、昕水河以南地区，面积合计 66 079.47 km^2。

2.4.2.3　2017 年解译

按解译范围,经查询确定了满足梯田解译条件的影像。具体要求为 2.1 m 空间分辨率、云量小于 10%要求。以高分一号为主,辅以资源三号影像。解译的遥感影像范围为黄河流域内甘肃省涉及的洮河中下游及渭河上游(总面积约 3 万 km^2)。

资源三号和高分一号卫星影像的预处理主要包括辐射定标、大气校正、正射校正和图像融合,均在 ENVI5.3 下完成。影像预处理流程如图 2-10 所示。

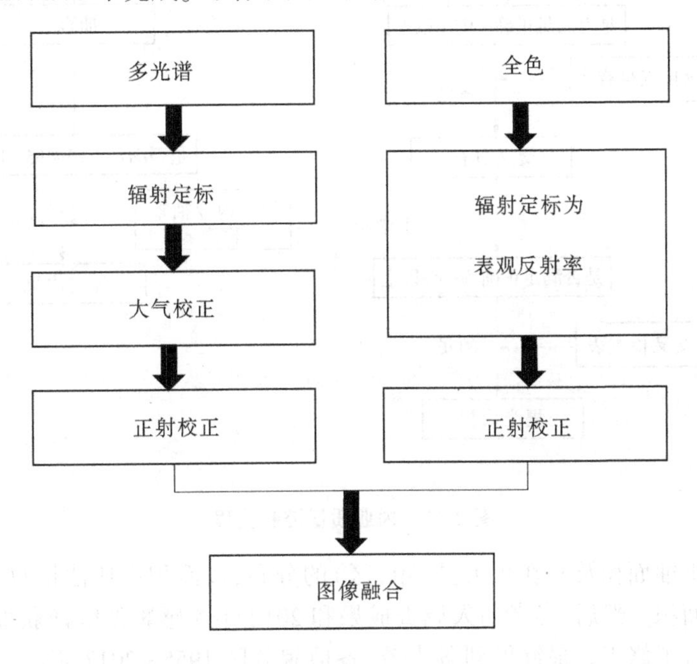

图 2-10　影像预处理流程

2.4.2.4　内业检查修改及质量控制

在初次梯田解译完成后,对参加梯田遥感解译工作人员的解译成果进行检查,对出现的共性问题进行小组集体讨论,及时发现问题,避免造成大范围上同类问题出现;对于解译完的分幅成果首先进行交叉自查,要求自查正确率达到 95%以上;对于拼接好的成果,采用随机抽样方法,对图斑进行抽查,抽查内容包括图斑属性对错,图斑套合情况,图斑定性与定位是否准确、是否存在漏判等,并填写内业抽查记录表格,要求正确率达到 95%,见图 2-11。

在内业查错校核后的二次结果上再次参照野外调查结果进行校核修改,首先对调查点梯田属性及边界解译有误的图斑进行修改,然后统计不同水土流失分区的解译精度,对判对率在 90%以下的分区重新解译,提高解译精度。

2.4.3　梯田历史数据修正结果

利用收集整理的黄河流域青海、甘肃、宁夏、内蒙古、陕西、山西、河南 7 省(区)20 世纪 50 年代以来的逐年梯田面积数据、2011 年以县为单位的水利普查数据,根据各水文控

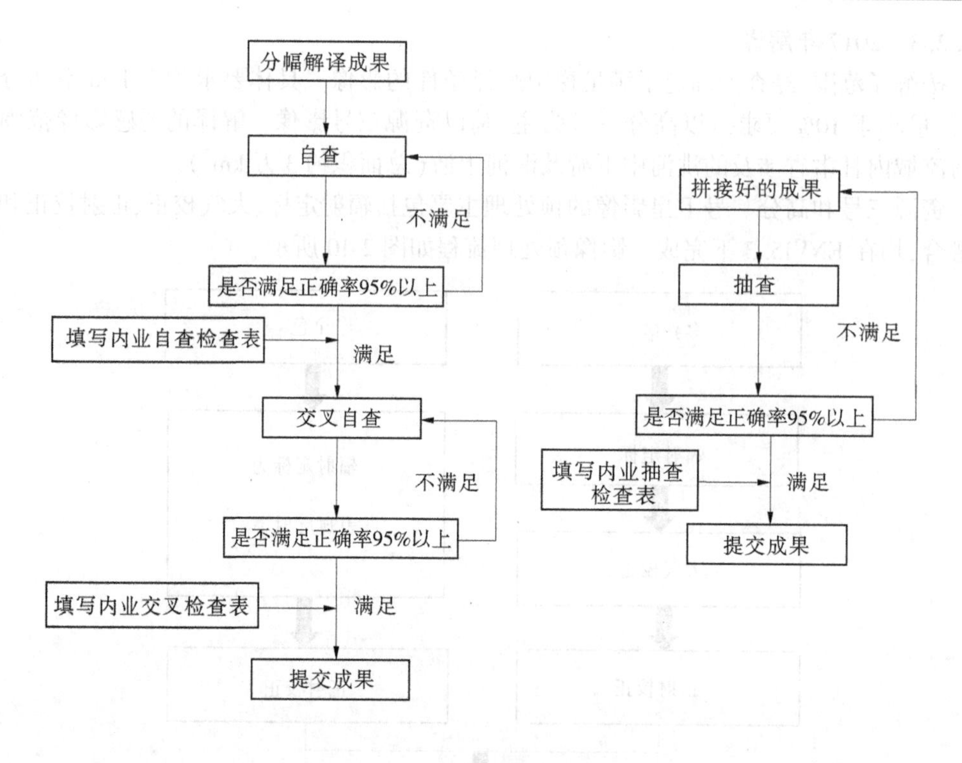

图 2-11　内业质量控制流程

制区轻度以上水蚀面积及其在相关县(市,区)的分布,按面积占比法推算出各水文控制区的逐年梯田面积。然后,参考前人调查成果和 2012 年遥感影像解译获取的梯田面积,对推算结果进行了修正。最终得到各支流、各地貌分区 1955~2017 年的逐年梯田面积。祖厉河—清水河 1955~2017 年梯田变化如表 2-14 所示。

表 2-14　祖厉河—清水河逐年梯田变化

年份	梯田面积/km²	年份	梯田面积/km²	年份	梯田面积/km²
1955	140.156	1976	3 083.440	1997	8 320.983
1956	280.313	1977	3 223.596	1998	8 721.287
1957	420.469	1978	3 363.752	1999	9 279.279
1958	560.625	1979	3 503.909	2000	9 802.451
1959	700.782	1980	3 679.337	2001	10 278.676
1960	840.938	1981	3 855.365	2002	10 658.318
1961	981.094	1982	4 031.093	2003	10 991.704
1962	1 121.251	1983	4 206.821	2004	11 105.197

续表 2-14

年份	梯田面积/km^2	年份	梯田面积/km^2	年份	梯田面积/km^2
1963	1 261.407	1984	4 382.549	2005	11 366.246
1964	1 401.563	1985	4 558.277	2006	11 594.940
1965	1 541.720	1986	4 734.004	2007	11 816.248
1966	1 681.876	1987	4 909.732	2008	12 000.228
1967	1 822.033	1988	5 085.460	2009	12 472.294
1968	1 962.189	1989	5 261.188	2010	13 016.263
1969	2 102.345	1990	5 646.071	2011	14 040.789
1970	2 242.502	1991	6 030.953	2012	14 742.582
1971	2 382.658	1992	6 415.835	2013	15 281.097
1972	2 522.814	1993	6 800.717	2014	16 139.414
1973	2 662.971	1994	7 185.599	2015	16 843.134
1974	2 803.127	1995	7 570.481	2016	16 858.324
1975	2 943.283	1996	8 009.266	2017	16 873.664

1955~1988 年期间，每年新增梯田 100 多 km^2；1989~2007 年期间，每年新增梯田 200~550 km^2；2008~2017 年期间，每年梯田增长则不足 100 km^2。

2.5　水文数据收集与处理

径流泥沙等水文数据是黄河水沙变化趋势研究的基础数据，本书收集整理了黄河干流潼关以上、河龙区间、泾河、渭河、北洛河、汾河、十大孔兑、苦水河等流域全部黄委水文站点的年径流量、年输沙量、月均实测流量、月均输沙率以及窟野河、孤山川和佳芦河 3 条支流从建站以来全部的场次洪水水文要素资料（时间、水位、流量和含沙量）。共计完成 152 558 个单位数据的录入工作。

将黄河流域潼关水文站以上区域作为水沙变化特点分析范围，重点关注来水来沙量变化比较大的干支流，包括黄河河口镇—龙门区间、渭河咸阳以上、泾河张家山以上、北洛河交口河以上、汾河河津以上、十大孔兑、清水河泉眼山以上、苦水河郭家桥以上、祖厉河靖远以上、庄浪河红崖子以上、大通河享堂以上、大夏河折桥以上、洮河红旗以上、湟水民和以上等重点产水产沙区。

针对潼关以上 150 余座干支流水文站，系统采集设站以来的逐年逐月实测径流量、输沙量、含沙量数据以及黄河主要产沙区窟野河、孤山川和佳芦河 3 条典型支流建站以来全部的场次降雨摘录资料和场次洪水水文要素资料，划分不同区间单元。

为区分不同地貌类型来水量和来沙量的变化差异，将研究区进行了最大程度的细化。依托现有水文站网，以水文站（见表 2-15）控制范围作为基本单元，共划分了 109 个区间单元，这些区间单元之间不存在包含关系。

表 2-15　划分区间单元的水文站列表

序号	站名	序号	站名	序号	站名
1	巴彦高勒	38	泾川	75	石嘴山
2	白家川	39	景村	76	双城
3	板桥	40	靖远	77	绥德
4	北道	41	旧县	78	唐乃亥
5	北峡	42	兰村	79	洮河红旗
6	曹坪	43	李家村	80	天水
7	大村	44	李家河	81	潼关
8	大宁	45	连城	82	头道拐
9	享堂	46	林家坪	83	图格日格
10	双城	47	临镇	84	王道恒塔
11	殿市	48	刘家河	85	温家川
12	丁家沟	49	龙门	86	吴堡
13	定西	50	龙头拐	87	吴起
14	放牛沟	51	芦村河	88	武山
15	府谷	52	马湖峪	89	咸阳
16	甘谷	53	毛家河	90	乡宁
17	甘谷驿	54	民和	91	小川
18	高家堡	55	鸣沙洲	92	新庙
19	高家川	56	裴沟	93	新市河
20	高石崖	57	裴家川	94	兴县
21	郭城驿	58	偏关	95	延安
22	郭家桥	59	桥头（湟水）	96	延川
23	韩府湾	60	桥头（朱家川）	97	杨家坪
24	韩家卯	61	秦安	98	杨家坡
25	河津	62	青铜峡	99	义棠
26	横山	63	青阳岔	100	雨落坪
27	红河	64	清水河	101	袁家庵
28	红崖子	65	庆阳	102	悦乐
29	洪德	66	泉眼山	103	张村驿
30	后大成	67	三水河芦村	104	张河
31	华县	68	沙圪堵	105	张家山
32	皇甫	69	陕县/潼关	106	折桥
33	湟水民和	70	社棠	107	志丹
34	会宁	71	申家湾	108	湫头
35	吉县	72	神木	109	子长
36	贾桥	73	十大孔兑平均		
37	交口河	74	石崖庄/湟源		

考虑黄土高原近百年产沙环境变化特点、前人研究截止时间和实测数据可得性,本次研究将 2007~2019 年作为现状年,将 1975 年之前作为基准年,即认为 1975 年之前是研究区下垫面的“天然时期”,重点分析现状年相比于基准年的变化特点。

绝大部分水文站的基准年为从建站开始至 1975 年,但部分区间单元比如无定河的赵石窑以上,由于 1970 年后有数个水库的建设运行,故赵石窑站、殿市站、横山站和韩家卯站的天然时期均改为建站至 1970 年。虽然天然数据更能真实地反映水量和沙量的变化,但本次研究涉及潼关以上 100 多个水文站的流量和沙量资料,且要求系列长度比较长,天然的水量和沙量数据极其有限,不能支撑本次研究,为保证资料的一致性和完整性,故统一用实测的水量和沙量数据进行分析。对部分水文站的水量和沙量资料进行了插补延长,比如泾河的张河站 1980 年之前数据参考袁家庵站进行了插补延长,大理河青阳岔水文站的测验断面在 2011 年向下游进行了迁移,水文站以上控制面积从之前的 662 km^2 变为 1 260 km^2,本次研究用面积模数法对 2011 年之后的数据进行了处理。

2.6　本章小结

本章对黄河水沙数据仓库中降雨、植被、土地利用、梯田、水文等数据收集及处理工作进行了详细介绍。通过各项目参与单位大量的数据收集整理工作,运用遥感解译、站点监测、历史数据录入、属性指标计算等技术手段,完成覆盖整个黄河主要产沙区的降雨、植被、土地利用、梯田、水文数据收集和整理,满足黄河水沙基础研究需要,为黄河水沙基础数据仓库的构建奠定了坚实的数据基础。

第 3 章　数据仓库构建

为了将研究区域内黄河水沙相关各类型主题数据有效利用，实现多源异构数据的水沙趋势预测与决策分析，需要针对各类型数据（包括降雨、植被、土地利用、梯田、水文等），从底层的数据整合角度出发，将各类型数据汇集处理，以实现水沙基础数据仓库的搭建。同时依据数据仓库中不同的主题服务、业务场景，实现多维度的数据挖掘分析。同时，为数据公共服务平台提供系统级高效数据资源，实现多业务模式下的功能扩展与优化。

3.1　数据仓库设计

基于多源数据融合的数据仓库技术，就是将海量数据进行主题域分析，主题设计，数据 ETL 的分析、转换，并借助其可靠的传输功能，将流域实体状态及变化信息进行汇集存储。通过构建数据分析挖掘、可视化工具，实现对海量数据的隐性数据、模糊数据的分析与挖掘，从而提供综合信息智能服务。而其中关键部分是需要依据不同的维度进行建模，面向不同的关键业务，逐渐积累并沉淀出有价值的维度表。为了实现这一目标，需要将数据仓库架构建设得更适应于模型优化的程度。从顶层实现的角度分析，数据仓库总体框架如图 3-1 所示。

3.1.1　数据采集层

其任务就是把数据从各种数据源中采集和存储到数据库上，其会通过 ETL 实现抽取、转化、装载操作对数据进行处理。数据源包括日志、业务数据库、HTTP 资源等，其中日志存储在备份服务器上且所占份额最大，业务数据库包括如 MySQL、Oracle、SQLServer 所实现的传统数据库，HTTP/FTP 数据是网络上抓取的各类接口数据，其他数据源例如 Excel 等需要手工录入的数据。

3.1.2　数据存储与分析层

数据存储与分析层采用当前最成熟的数据存储方案 HDFS，是适合运行在通用硬件上的分布式文件系统。离线数据分析与计算，采用 Hive 对实时性要求不高的数据进行 ETL 操作，Spark 作为快速通用计算引擎，为计算提供大规模数据处理，同时使用 SparkSQL 对 Hive 进行操作。

3.1.3　数据共享层

由于 Hive、MR、Spark、SparkSQL 分析与计算结果依然保存在 HDFS 上，而大多业务和应用不能直接从 HDFS 上获取数据，那么就需要提供对外数据共享的数据接口，使得各业务场景方便地获取数据。这里采用关系型数据库和 NoSQL 数据库进行实现。

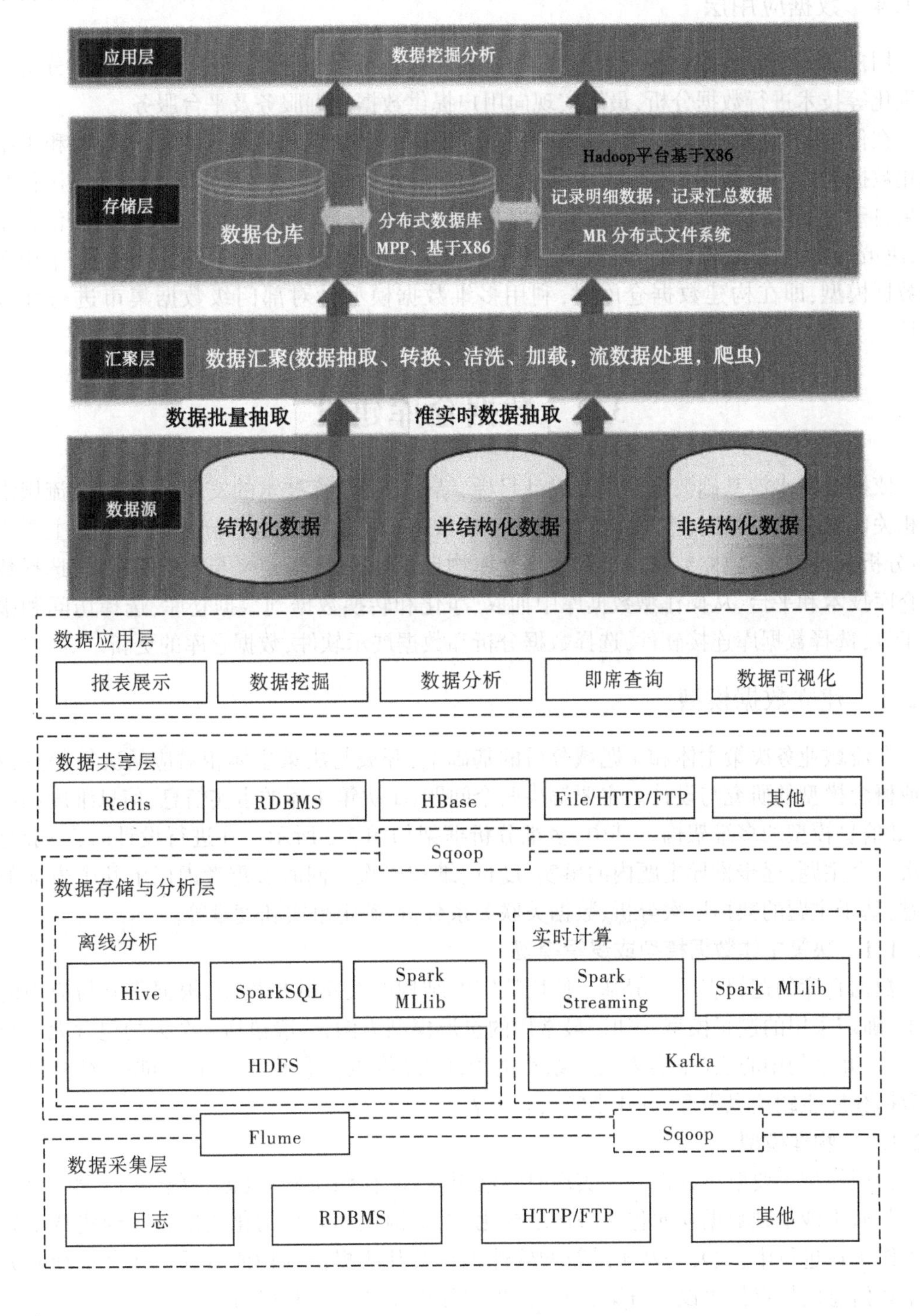

图 3-1 数据仓库总体框架

3.1.4 数据应用层

用户访问空间数据仓库中数据的工具,并利用空间数据挖掘、空间分析、报表分析和可视化等技术进行数据分析,最终实现向用户提供数据挖掘服务及平台服务。

在传统的数据仓库基础上,主要利用 Spark 技术来处理和管理非结构化数据和半结构化数据类型,并利用 Hive 提供的数据仓库 API 进行入库。非结构化数据和半结构化数据来自于不同的数据源,收集获取到数据仓库,由数据仓库高效地存储管理并提供信息服务、决策分析、数据挖掘、预报预测等支持。针对决策信息的快速获取与综合集成,采用多维数据模型,即在构建数据仓库时,利用多维数据模型针对部门级数据集市进行详细设计。

3.2 数据仓库建设

依据黄河水沙基础数据仓库的设计目标,结合数据仓库技术的发展现状,以及流域水沙相关信息的实际情况,本书将黄河水沙基础数据仓库的建设过程分为以下几个主要步骤:分析业务需求,建立数据模型和数据仓库物理设计,数据源定义与数据库建设,选择数据仓库技术和平台,从操作型数据库中抽取、净化和转换数据到数据仓库,选择访问和报表工具,选择数据库连接软件,选择数据分析和数据展示软件,数据仓库的更新。

3.2.1 建立数据模型

在流域业务决策主体和主题域分析的基础上,开展与决策主体相对应的决策信息模型或概念模型的研究与设计。主要解决两个问题:①决策主体的事实信息、信息维度和层次;②信息模型的多维架构。其中,多维分析框架如图 3-2 所示。在进行设计时,一般是一次一个主题,逐步推导主题内的事实、度量、维和层次。同时着重考虑以下几个方面的问题:基于主题的数据层次分析、数据关联关系分析、确定事实和度量等。

3.2.1.1 决策主体数据模型或逻辑模型

数据仓库的逻辑表示一般基于使用特定的结构的关系数据模型,根据研究与应用的需求,确定采用的逻辑模型。如以最常用的星形模型为例,一般包括一个大的包含大批数据、不含冗余的中心表(事实表);一组小的附属表(维表),每个维一个。同时,结合具体的数据仓库主题信息模型,创建事实表和维表。

3.2.1.2 物理模型

物理模型主要解决数据仓库实现时的索引设计、存储架构、数据装载、接口设计等问题。黄河水沙基础数据仓库包含海量结构化、半结构化和非结构化数据仓库构建技术研究工作正在进行中,主要是基于最新的软件工具及其所提供的功能展开。结合水利业务数据和信息的特点提出设计方案,一个初步的分析成果由图 3-3 给出。

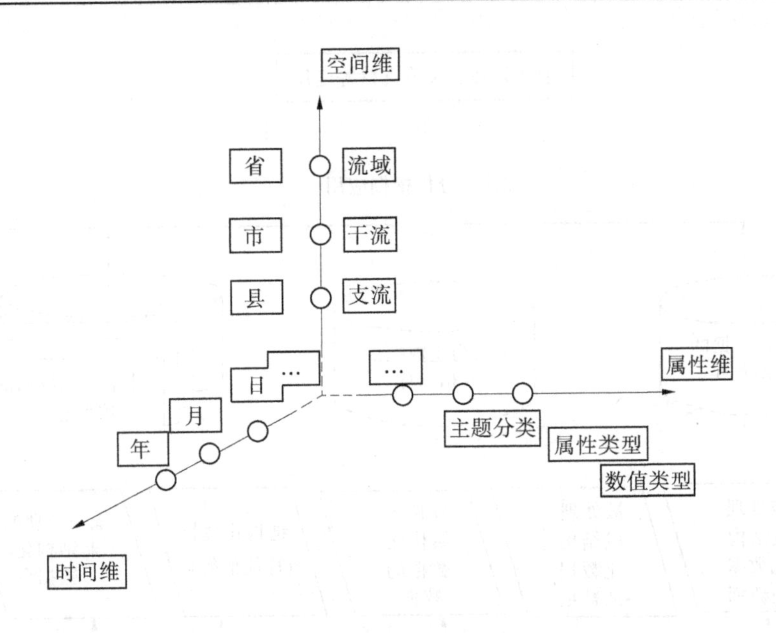

图 3-2　多维分析框架示意

3.2.2　数据仓库技术和平台选择

数据采集:采用 Flume 收集日志,用以对数据进行简单处理,并写到各种数据接受方的能力。采用 Sqoop 将 RDBMS 及 NoSQL 中的数据同步到 HDFS 上,实现 Hadoop 和关系型数据库中的数据相互转移的工具,即可以将关系型数据库中的数据导入 Hadoop 的 HDFS 中,也可以将 HDFS 的数据导入关系型数据库中。

消息系统:采用 Kafka 以防数据丢失。

实时计算:采用 Spark Streaming 访问 Kafka 中收集的日志数据,将实时计算结果保存在 Redis 中。

机器学习:使用了 Spark MLlib、Python 提供的机器学习算法。

多维分析 OLAP 部分:使用 Kylin 作为 OLAP 引擎。

数据可视化:提供可视化前端 Web 页面,方便运营等非开发人员直接查询。

3.2.3　数据库连接

通过 Flume 将关系型数据库与 Hive 相关联,并利用 JDBC 或 ODBC 通过编码实现程序脚本,实现临时数据库与数据仓库的链接。

3.2.4　选择数据分析和数据展示软件

采用 Hive、Spark 系列工具将数据存储层的分布式文件系统数据进行查询,将数据共享层的 Redis、HBase、文件系统等存储中提取的数据进行计算。数据分析部分,本书采用成熟的开发语言 Python 和 LSTM 算法框架作为数据分析工具,可为研究人员提供数据分析与挖掘功能。此外,数据仓库的可视化工具可采用 Web 系统依据需求自定义出不同的

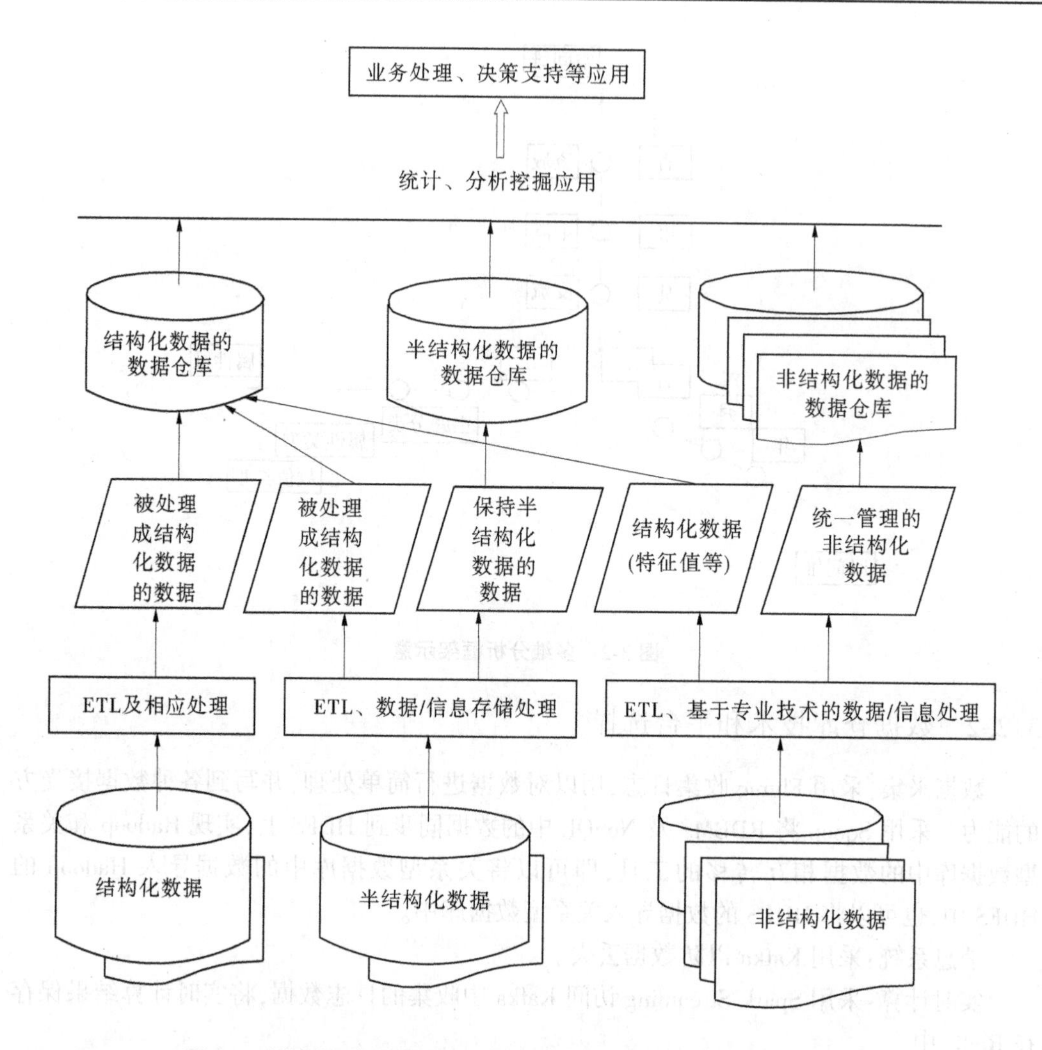

图 3-3　结构化、半结构化和非结构化数据的数据仓库不同构建方案

数据展示工具,以及包括 dbeaver 和 squirrel 的直接展示操作。

3.2.5　数据仓库的更新

项目数据种类众多,不同类型数据更新频率也各有不同,如果不能有效管理好繁多的数据,保障数据的现势性和真实性,系统就不能更好地发挥作用。要实现数据的及时准确更新,必须建立严格的数据更新管理机制和有效的技术实现手段。根据数据运行与应用的特点,应在以下几个方面实现数据的更新管理。

(1)规范数据处理与更新。建立科学的数据处理与更新技术规范,保障数据更新过程中不会因为异常或不规范的操作造成数据的错误。

(2)严格数据入库。数据在入库前必须经过严格检查,保障入库数据的正确性。

(3)数据更新。按照项目数据更新的时效性,项目数据可分为自动实时更新的数据(实时雨情、实时水情、实时工情等)和人工定期更新的数据(基础地形、专题数据、水利地理等)。

(4)自动实时更新。依托完善的数据资源目录、数据集成与存储流程,时效性强的数据可实时自动更新,无须人工定期更新。物联网管控平台将更新的数据自动上报至智慧决策能力中心,通过数据集成与存储,实现数据中心的数据实时自动更新。

(5)人工定期更新。人工定期更新的数据主要指时效性相对较弱的数据。主要包含基础地形数据、各类专题数据、水利地理数据等。各类专题数据的更新根据各类专题工作的变化需求进行定期更新管理,规范数据的处理和更新,保证数据更新过程不会因为数据异常和不规范导致数据准确性的偏差;严格入库要求,数据入库前需经过检查审核,保障入库数据的准确性。

3.3　本章小结

本章对黄河水沙数据仓库的设计和建设进行了详细的描述。在各类水沙基础数据收集整理的基础上,分析黄河水沙研究业务需求,进行数据仓库总体架构设计、逻辑模型设计、数据存储设计等数据仓库设计工作,选择先进高效的数据仓库技术平台及数据展示软件,并建立数据仓库的更新管理机制,实现对利用研究区域内黄河水沙相关各类型主题数据的高效使用。

第4章　研究区降雨数据挖掘分析

降雨是水循环的一个主要组成部分,降雨变化会直接影响区域水分平衡,诱发洪涝、干旱等自然灾害,同时是水资源时空分布不均的主要因素之一,其年内和年际变化对当地社会经济生产生活产生重要影响,给水资源管理带来新的问题和挑战。全球气温升高将影响整个水循环过程,导致降雨分布、地表径流、洪涝灾害频率等发生改变。在全球气候变化和人类活动等的共同影响下,降雨特性的变化可能对流域产流、产沙以及生态环境产生深刻的影响。

尽管已有较多关于黄河流域降水的研究成果,但大多集中在对流域年降水量、季节降水量或者极端降雨指数的研究上,而针对影响黄河流域水沙变化规律与机制的降雨量或者降雨指标的研究则相对较少,特别是对产流、产沙有重要直接影响的降雨指标研究较为缺乏。采用与流域产流、产沙密切相关的降雨指标,从不同角度对黄河流域主要产沙区降雨时空变化特征进行分析研究是十分必要的。

本章以黄河主要产沙区为研究对象,基于黄河水沙数据仓库中降雨主题数据服务,分析近53年来黄河主要产沙区降水变化特征及时空演变规律。

4.1　研究方法

4.1.1　Mann-Kendall 非参数秩相关检验法

Mann-Kendall 检验法为非参数检验法,非参数检验法也可以称为无分布检验,其优点是不需要序列遵从某种分布,也不受少数异常值的干扰,适用于水文、气象等非正态分布数据的趋势分析,计算简便,定量化程度高。对该时间序列 $Y=(Y_1,Y_2,\cdots,Y_n)$,构造标准正态分布统计量 Z:

$$Z=\begin{cases}(s-1)/[\mathrm{var}(s)]^{1/2} & s>0\\ 0 & s=0\\ (s+1)/[\mathrm{var}(s)]^{1/2} & s<0\end{cases} \tag{4-1}$$

其中

$$s=\sum_{k=1}^{n-1}\sum_{y=k+1}^{n}\mathrm{sgn}(Y_j-Y_k) \tag{4-2}$$

$$\mathrm{sgn}(Y_j-Y_k)=\begin{cases}1 & Y_j-Y_k>0\\ 0 & Y_j-Y_k=0\\ -1 & Y_j-Y_k<0\end{cases} \tag{4-3}$$

$$\mathrm{var}(s)=\frac{1}{18}\left[n(n-1)(2n+5)-\sum_{t=1}^{n}t(t-1)(2t+5)\right] \tag{4-4}$$

式中：s 服从正态分布；$\mathrm{var}(s)$ 为方差。

统计变量 UF、UB 公式为

$$\mathrm{UF}=\frac{s-E(s)}{\sqrt{\mathrm{var}(s)}} \tag{4-5}$$

$$\mathrm{UB}_k=-\mathrm{UF}_{k'} \tag{4-6}$$

其中，$E(s)=k(k+1)/4$，$k'=n+1-k$。

对于给定的置信水平 $\alpha=0.05$，$Z_{\alpha/2}=1.96$，若 $|Z|>Z_{\alpha/2}$，说明时间序列数据存在显著上升、下降趋势；若 $|Z|\leqslant Z_{\alpha/2}$，说明时间序列数据无显著变化趋势。当 $Z>0$ 时序列存在上升趋势，$Z<0$ 时序列存在下降趋势。当 UF>0 时，序列表现为上升趋势；当 UF<0 时，序列表现为下降趋势。若 UF 和 UB 曲线出现了交点，且交点在置信水平线之间，便认为交点对应的时刻为序列发生突变的时间。

累积距平法是一种常用的、由曲线直观判断变化趋势的方法，可以反映要素的演变趋势。累积距平曲线呈上升趋势，表示距平值增加，反之减小。

对于序列 X，其某一时刻 t 的累积距平表示为：

$$\widetilde{X}=\sum_{i=1}^{t}(X-\overline{X}) \qquad (t=1,2,\cdots,n) \tag{4-7}$$

其中，$\overline{X}=\sum_{i=1}^{n}X_i$。

式中：$\widetilde{X}$ 为从第 $1\sim t$ 年累积距平（t 为年序列号，$t\leqslant n$）。

计算出 n 个时刻的累积距平值，即可绘制累积距平曲线。以年降水量为例，当某一时段（一年或几年）累积距平曲线的斜率 $K>0$ 时，表明该时段平均年降水量大于多年平均年降水量；当累积距平曲线的斜率 $K<0$ 时，表明该时段平均年降水量小于多年平均年降水量；当累积距平曲线的斜率 $K=0$ 时，表明该时段平均年降水量等于多年平均年降水量。

4.1.2 降水丰枯计算

为尽可能消除雨量站数量变化对面雨量计算值的影响，并充分反映当地降雨实际，在计算各雨量站、各支流或各区间的多年平均降雨量时，全部采用“66 站网”雨量站，以其 1966~2019 年的平均值作为近年降雨丰枯比较的基准值。本书将“1966~2019 年降雨量均值”作为近年降水变化的参照系列，该系列长度为 53 年，可基本反映研究区降水的平均水平。现状年降雨量则采用“77 站网”雨量站实测数据。

采集整理 1966 年设站的 413 个雨量站 1966~2019 年的逐年逐日降水数据，并基于 GIS 制作了研究区年降水量、汛期降水量、P_{10}、P_{25}、P_{50} 和 P_{100} 的等值线图。

分析各雨量站近年降水变化时，凡 1966 年设站者，直接采用实测数据计算其 1966~2019 年平均降水量；对于 1966~1976 年无实测数据的雨量站，从 1966~2019 年降水等值线图中提取该站的多年平均降水量。将各站现状年降水量与其多年平均降水量比较，即可获知研究区各站现状年降水的丰枯程度及其空间分布。

4.2　主要产沙区降雨量时空变化特征

4.2.1　空间分布情况

根据各雨量站1966~2019年实测降雨量，以河龙区间、北洛河上游、泾河景村以上、渭河拓石以上、汾河兰村以上、十大孔兑上中游、祖厉河和清水河上中游以及湟水和洮河流域为重点研究区，基于GIS制作了黄河主要产沙区年降水量、汛期降水量、P_{10}、P_{25}和P_{50}的等值线图，见图4-1。

研究区年降水量表现为由西北向东南逐渐增大，湟水流域表现为由下游往上游逐渐增加的趋势。P_{10}和年降水量在空间分布上基本一致，但河龙区间西北部和十大孔兑区域的P_{25}和P_{50}明显偏高，洮河和湟水流域的P_{25}和P_{50}偏低，尤其是湟水流域，P_{50}占年降水量的比例仅为1.7%。

日降水量大于25 mm的大雨和日降水量大于50 mm的暴雨高发区主要集中在河龙区间西北部，以及河龙区间西南部、泾河流域、汾河水库以上和渭河上游东部等年降水量为450~600 mm的地区。

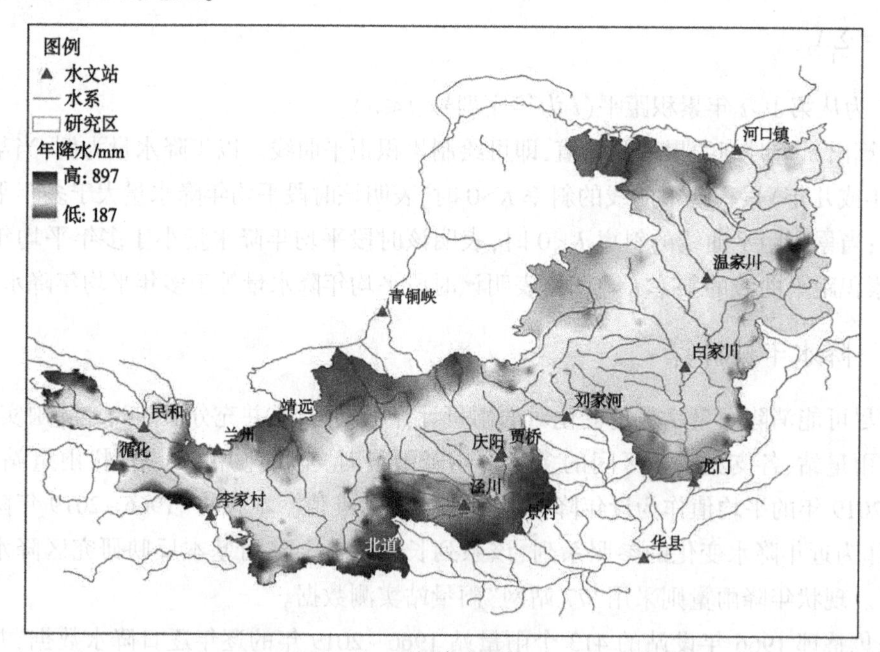

(a)年降水量

图4-1　研究区1966~2019年多年平均年降水量、汛期降水量、P_{10}、P_{25}、P_{50}等值线图

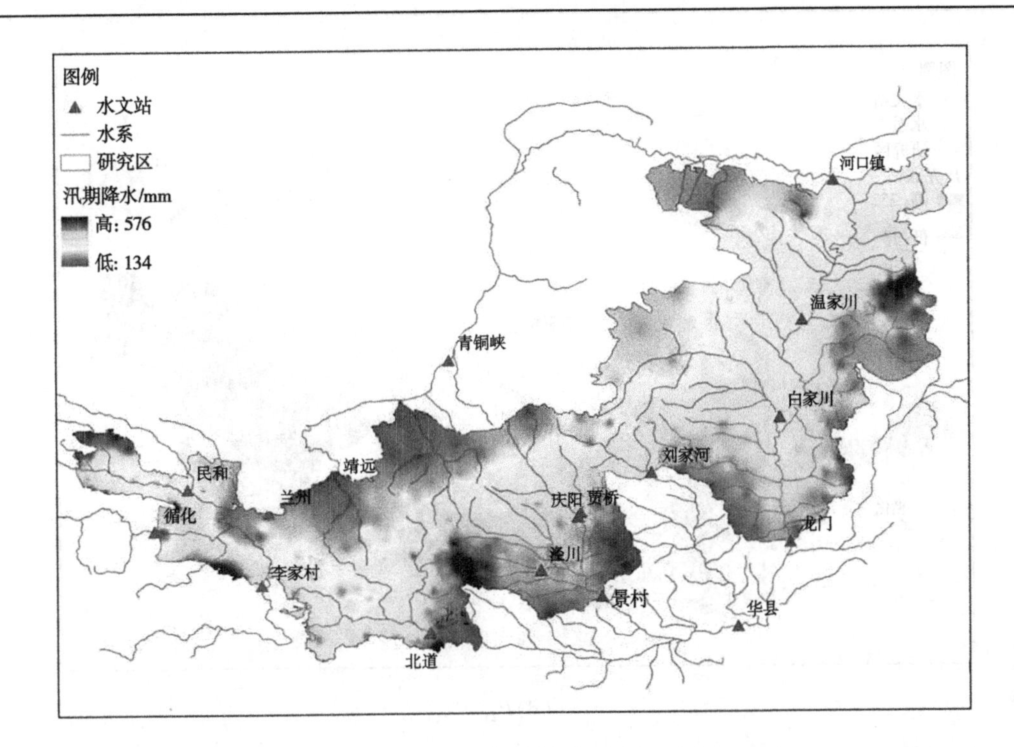

(b)汛期降水量

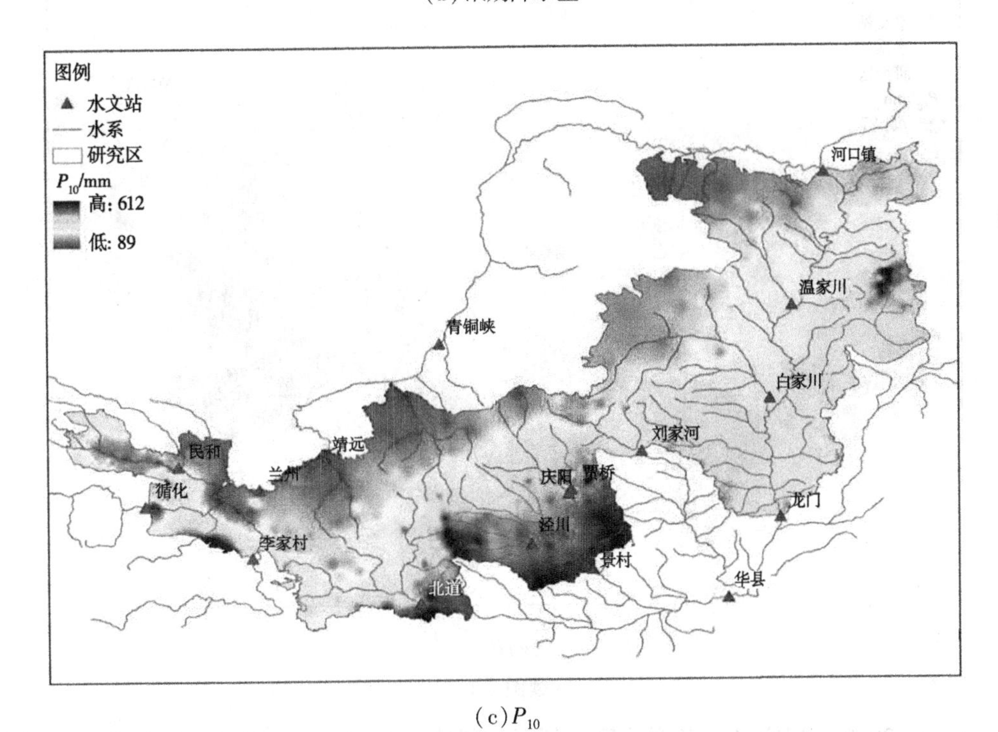

(c)P_{10}

续图 4-1

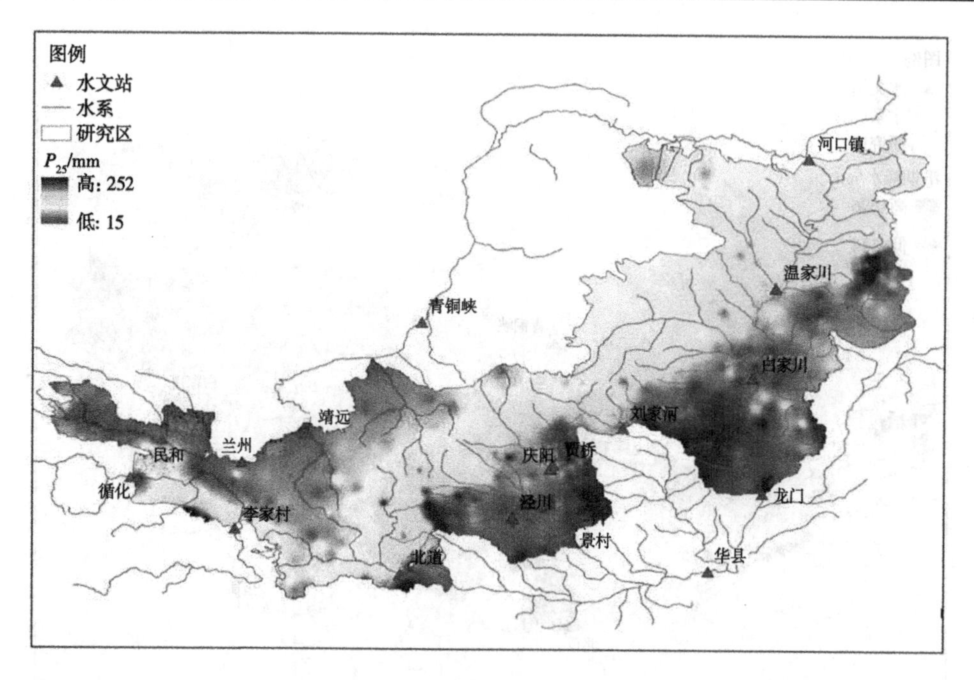

(d) P_{25}

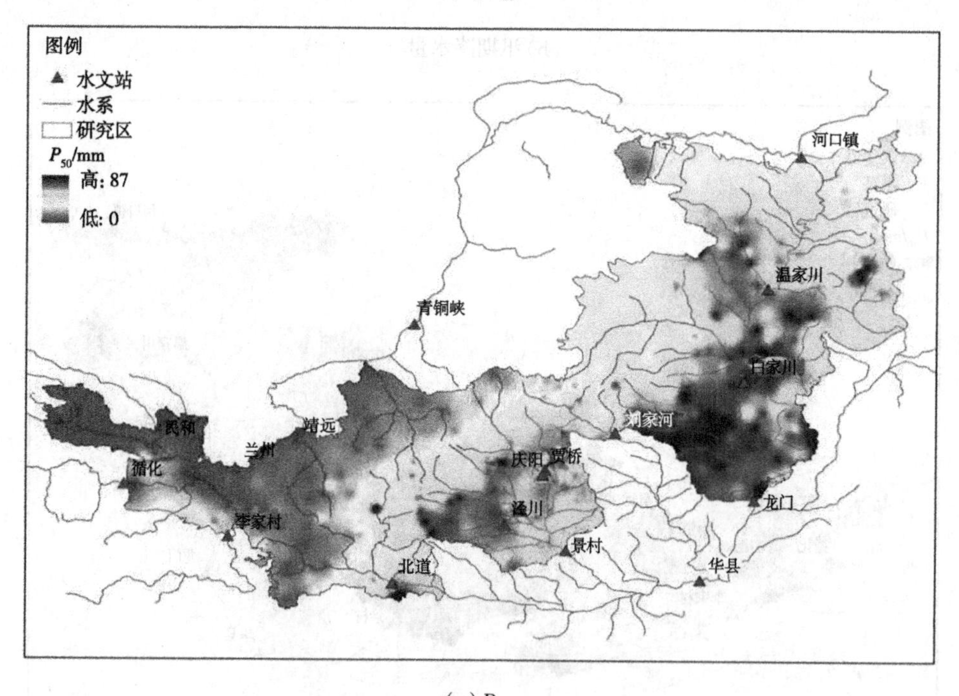

(e) P_{50}

续图 4-1

1966~2019 年研究区及各个分区多年平均年降水量、P_{10}、P_{25} 和 P_{50} 以及量级降雨占年降雨量的比例见表 4-1。由表 4-1 可见，1966~2019 年研究区多年平均年降水量为 472.3 mm，P_{10}、P_{25} 和 P_{50} 分别为 274.4 mm、116.8 mm 和 32.4 mm。洮河下游和汾河兰村以上区域多年平均年降水量最大，其次为泾河景村以上和渭河拓石以上。十大孔兑上中游多年平均年降水量和 P_{10} 最小，祖厉河和湟水多年平均 P_{25} 和 P_{50} 在各区域中最小。

表4-1 1966~2019年研究区量级降雨统计特征

区域	多年降雨量均值/mm				量级降雨所占年降水量比例/%		
	年	P_{10}	P_{25}	P_{50}	P_{10}	P_{25}	P_{50}
河龙区间	452.4	259.8	132.7	41.3	57.4	29.4	9.1
泾河	512.5	327.1	141.6	40.8	63.8	27.6	8.0
北洛河	418.1	243.8	112.1	31.5	58.3	26.8	7.5
汾河	538.5	358.9	169.4	44.7	66.7	31.5	8.3
渭河	512.7	291.4	106.0	26.0	56.8	20.7	5.1
清水河	379.2	216.7	78.9	16.8	57.2	20.8	4.4
祖厉河	353.5	180.9	53.4	9.9	51.2	15.1	2.8
洮河	537.4	298.3	87.9	14.3	55.5	16.4	2.7
湟水	468.8	227.3	53.1	8.1	48.5	11.3	1.7
十大孔兑	286.3	164.5	76.9	22.4	57.5	26.9	7.8
研究区	472.3	274.4	116.8	32.4	58.1	24.7	6.9

各区 P_{10} 占年降水量的比例较大，差别较小，除湟水流域仅占48.5%外，其他区域 P_{10} 占年降水量比例均在50%以上，最大达到66.7%。各区 P_{25} 占年降水量的比例差别较大，其中汾河兰村以上区域最高，达31.5%；其次为河龙区间，P_{25} 占年降水量的比例为29.4%；祖厉河、洮河和湟水 P_{25} 占年降水量的比例较低，最低为湟水流域，P_{25} 占年降水量的比例为11.3%。

各区 P_{50} 占年降水量的比例较小，差别较大，河龙区间、泾河、北洛河、汾河所占比例较高，达到7.5%~9.1%，十大孔兑、渭河、清水河、祖厉河、洮河和湟水等区域 P_{50} 占年降水量的比例较低，为1.7%~7.8%，其中湟水流域最小，仅占1.7%。

4.2.2 1966~2019年研究区降水量年际变化

4.2.2.1 年降水量变化

1. 年降水量变化过程

1966~2019年研究区面平均降水量的均值为472.9 mm，其中最大值出现在2003年，降水量为625.4 mm；面平均降水量最小年份为1997年，仅有327.7 mm。

2010年以来，研究区降水量整体较多年平均偏丰，2010~2019年研究区多年平均年降水量为525.3 mm。1966~2019年研究区降水量序列中，降水量最大的5年中，有3年是发生在2010年之后，分别为2013年、2017年和2018年。图4-2为1966~2019年研究区年降水量变化过程。

基于1966~2019年研究区年降水量变化序列，统计不同时段研究区平均年降水量(见表4-2)可见，1970~1979年、1980~1989年和1990~1999年的时段平均年降水量均小于多年平均年降水量，特别是1990~1999年为近53年来平均年降水量最小的一个时段，仅有436.0 mm；其次为1980~1989年，也是研究区年降水量较小的时段；而1966~1969年和2010~2019年的时段平均年降水量高于多年平均年降水量，其中2010~2019年研究

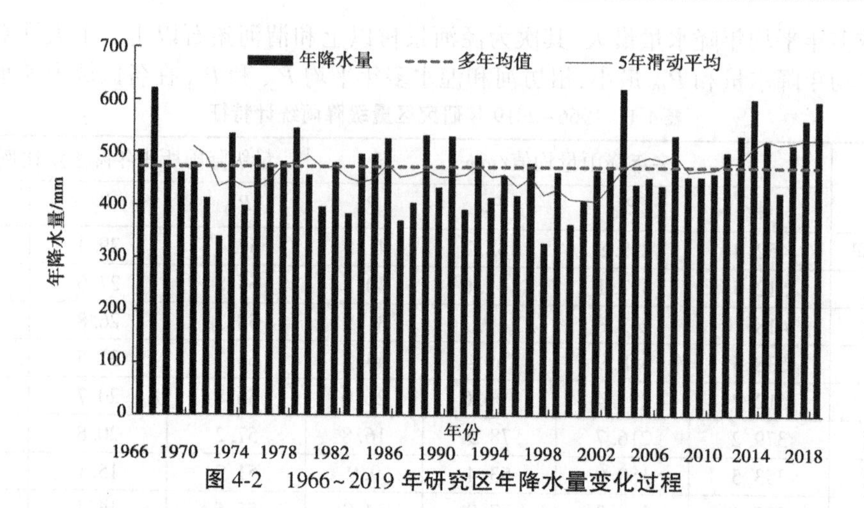

图 4-2 1966~2019 年研究区年降水量变化过程

区平均年降水量最大，达 525. 3 mm，超出多年平均降水量的 11. 2%，2000~2009 年研究区平均年降水量与多年平均年降水量相比略偏丰，仅较多年平均年降水量偏丰 0. 9%。

表 4-2 1966~2019 年研究区不同时段平均年降水量

时段	平均年降水量/mm
1966~1969 年	517. 4
1970~1979 年	462. 3
1980~1989 年	452. 0
1990~1999 年	436. 0
2000~2009 年	476. 5
2010~2019 年	525. 3
多年平均	472. 3

2. 年降水量变化趋势

采用 Mann-Kendall 检验（MK 检验）对研究区 1966~2019 年面平均降水量序列进行变化趋势的检验，MK 检验统计值 Z 为 1. 028，且其绝对值小于 1. 96，说明年降水量序列未通过显著水平 $\alpha=0.05$ 的置信度检验，表现为不显著增加趋势。同时，采用线性回归方法分析 1966~2019 年研究区面平均降水量序列的变化，其线性回归方程为 $y=0.7624x-1045.7$，可以看出年降水量在以 7. 624 mm/10 年的速度在缓慢增加。由图 4-2 中研究区年降水量 5 年滑动平均过程也可看出研究区年降水量呈增加趋势。

目前，国内外已发展多种识别水文序列突变特征的方法，本书采用 MK 检验法、累积距平法、有序聚类法、滑动 T 检验法、滑动秩和法和李-海哈林法等方法对 1966~2019 年研究区年降水量序列进行突变特征分析，其结果见表 4-3 和图 4-3。

表 4-3 研究区 1966~2019 年降水量突变检验结果

检验方法	MK 检验	累积距平	滑动 T 检验	有序聚类	滑动秩和	李-海哈林
突变点发生年份	2017	2002	2001	2010	2010	2011

MK 检验法突变分析结果见图 4-3(a)，在给定显著性水平 $\alpha=0.05$ 后，研究区年降水量 UF 和 UB 两条曲线在 2017 年出现交点，且交点位于置信度区间内，因此可认为该交点

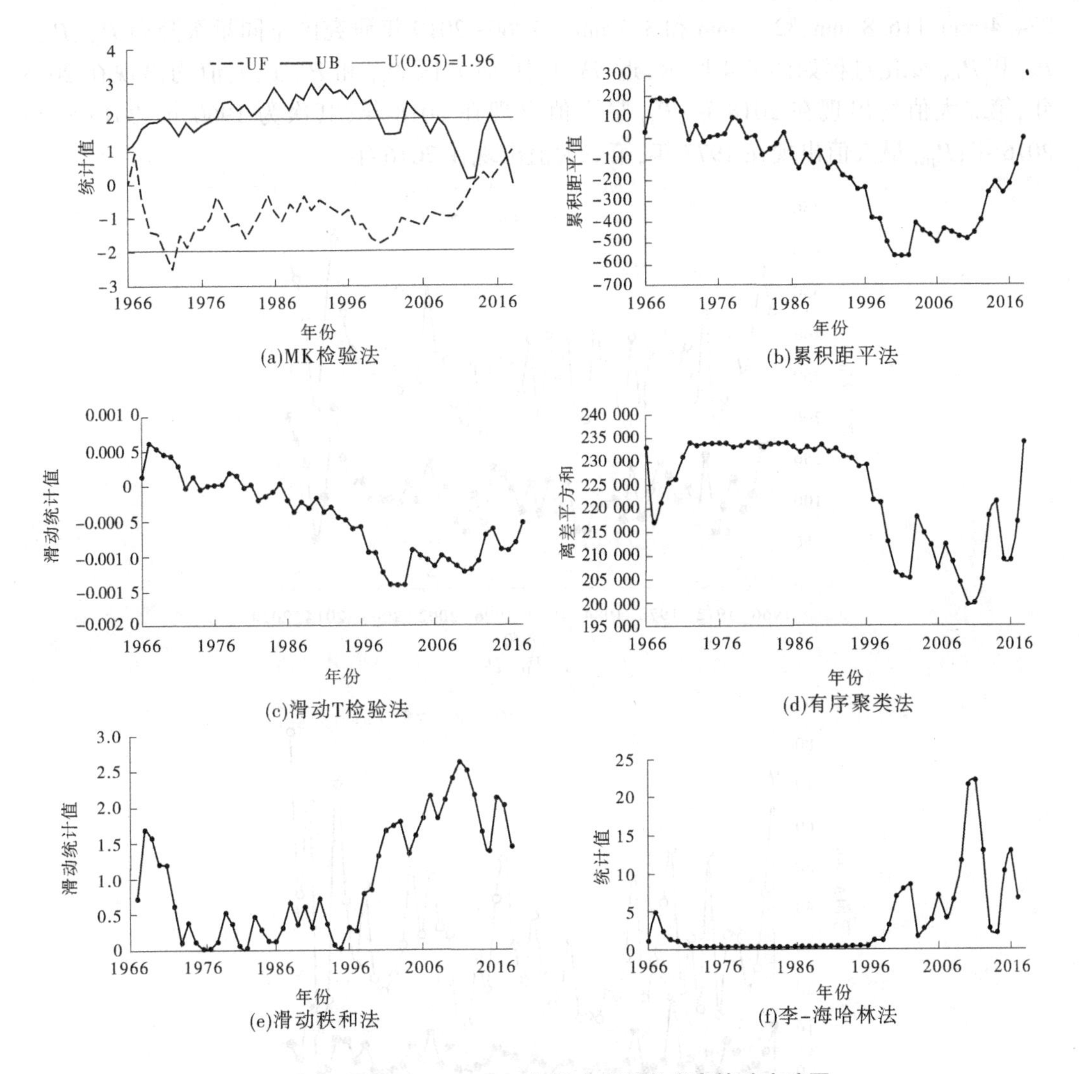

图 4-3　研究区 1966~2019 年降水序列各突变检验方法图

为研究区年降水量发生突变的年份,即确定 2017 年为研究区年降水量的突变点。

累积距平法突变分析结果见图 4-3(b),1966~2019 年研究区年降水量累积距平曲线在 1966~1970 年呈上升趋势,1970~2002 年呈波动下降趋势,2002~2018 年呈波动上升趋势,特别是 2010 年之后上升趋势明显,年降水量累积距平曲线在 2002 年其累积距平值达到最小,因此累积距平法确定 2002 年为突变点。

由图 4-3(c)滑动 T 检验法的滑动统计值的变化可知,研究区年降水量在 2001 年发生突变。由图 4-3(d)有序聚类法的离差平方和变化和图 4-3(e)、(f)滑动秩和法和李-海哈林法统计值变化过程可知,研究区年降水量在 2010 年和 2011 年发生突变。

各方法的检验结果汇总见表 4-3,对比分析各统计方法的检验结果发现,研究区年降水量可能突变点为 2002 或 2010 年。

4.2.2.2　量级降雨变化

1966~2019 年研究区不同量级降雨量 P_{10}、P_{25}、P_{50} 和 P_{100} 的多年均值分别为

274. 4 mm、116. 8 mm、32. 4 mm 和 3. 7 mm。1966~2019 年研究区不同量级降雨 P_{10}、P_{25}、P_{50} 和 P_{100} 变化过程如图 4-4 所示，近 53 年中，研究区 P_{10} 和 P_{25} 最大值均出现在 2013 年，第二大值均出现在 2018 年；P_{50} 最大值出现在 2018 年，其次为 1966 年、2013 年和 2016 年；P_{100} 最大值出现在 1977 年，第二大值出现在 2016 年。

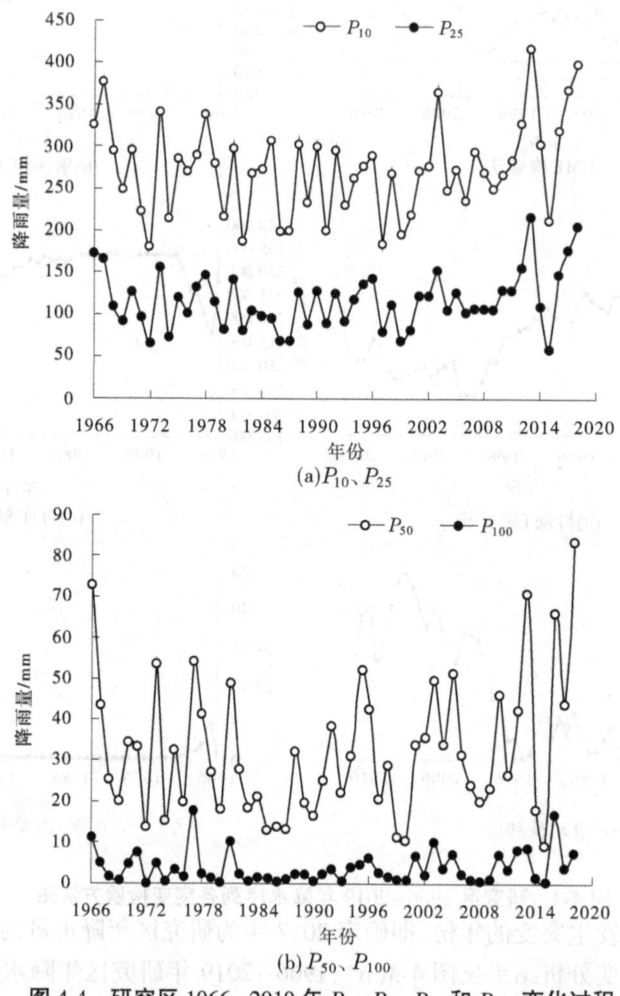

图 4-4 研究区 1966~2019 年 P_{10}、P_{25}、P_{50} 和 P_{100} 变化过程

选取近 53 年中量级降雨较大的年份作为典型年，对比不同典型年量级降雨与研究区多年平均量级降水量，结果见表 4-4，1966 年暴雨偏丰程度较大，而 1977 年大暴雨偏丰程度最大；2013 年 P_{25} 的偏丰程度达到 86. 1%，2018 年 P_{50} 的偏丰程度达到 157. 4%，2013 年和 2018 年类似，不仅年降水量偏丰程度较大，而且中雨以上降水偏丰程度较大；2016 年与 1977 年类似，相比于年降水量和 P_{10}，均为暴雨和大暴雨偏丰程度较大。

4. 2. 2. 3 不同分区年降水量变化

1966~2019 年河龙区间、泾河景村以上、渭河拓石以上、北洛河刘家河以上、清水河、祖厉河、湟水（不含大通河）、洮河李家村以下、汾河兰村以上等区域年降水量变化过程如图 4-5 所示。不同分区在 20 世纪 80 年代末至 2002 年均经历了一个连续十多年的降雨偏枯期;2010~2019年,河龙区间、泾河景村以上、北洛河刘家河以上、清水河、湟水(不含大通河)和汾河兰村以上经历了一个连续丰水期。

表4-4　典型年研究区降水量较多年平均偏丰情况

时期	指标	年	P_{10}	P_{25}	P_{50}	P_{100}
多年平均(1966~2019年)	降水量/mm	472.3	274.4	116.8	32.4	3.7
1966年	降水量/mm	504.0	325.8	173.6	72.8	11.3
	偏丰程度/%	6.7	18.7	48.6	124.7	205.4
1977年	降水量/mm	481.6	288.3	132.0	54.3	17.7
	偏丰程度/%	2.0	5.1	13.0	67.6	378.4
2013年	降水量/mm	601.7	417.9	217.4	70.8	8.3
	偏丰程度/%	27.4	52.3	86.1	118.5	124.3
2018年	降水量/mm	599.3	399.3	206.3	83.4	7.2
	偏丰程度/%	26.9	45.5	76.6	157.4	94.6

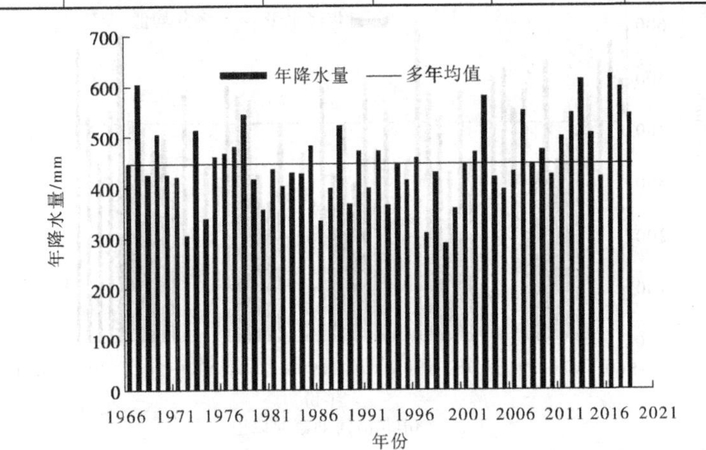

(a)河龙区间

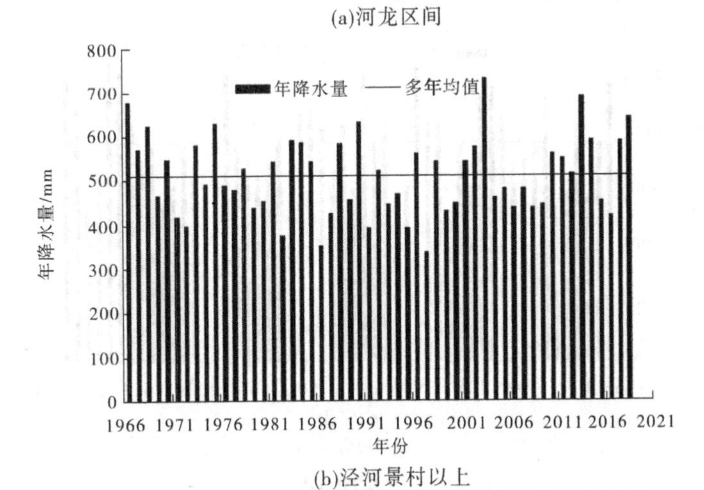

(b)泾河景村以上

图4-5　1966~2019年研究区不同分区年降水量变化过程

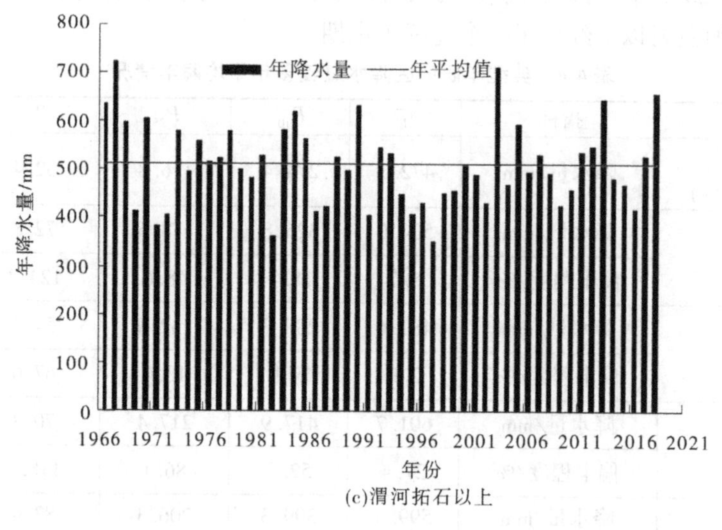

(c)渭河拓石以上

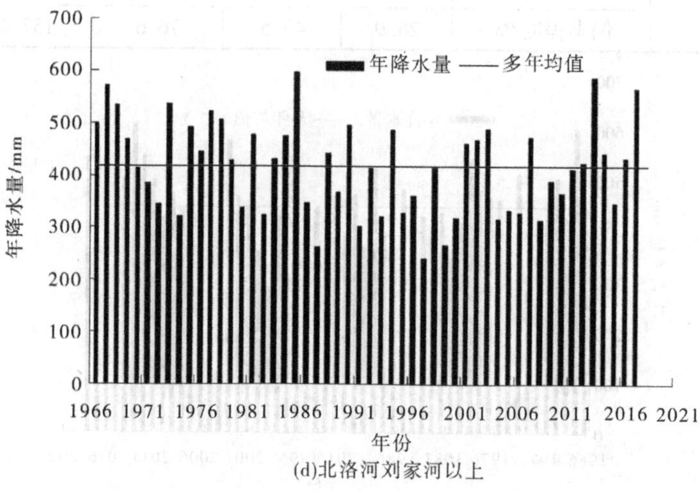

(d)北洛河刘家河以上

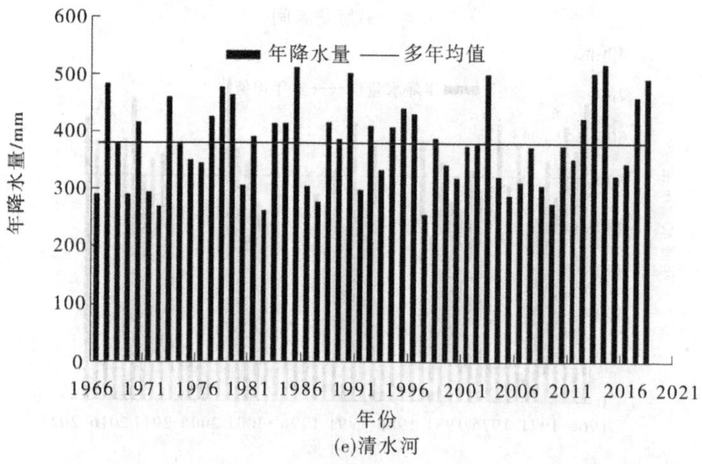

(e)清水河

续图 4-5

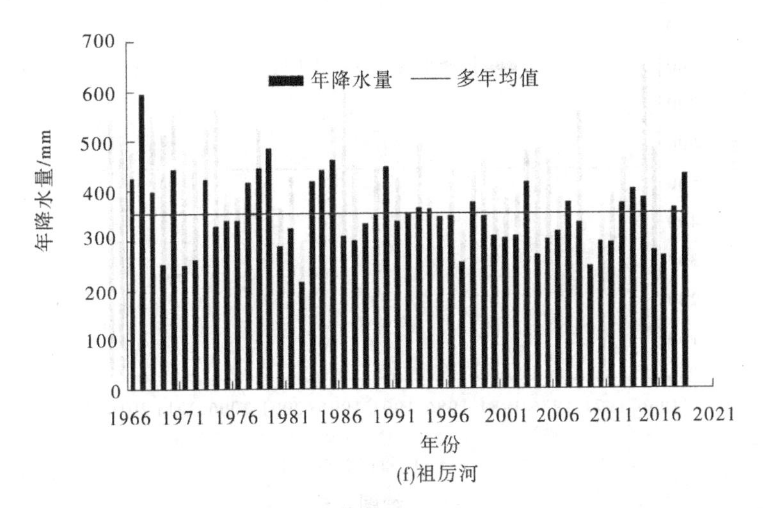

(f)祖厉河

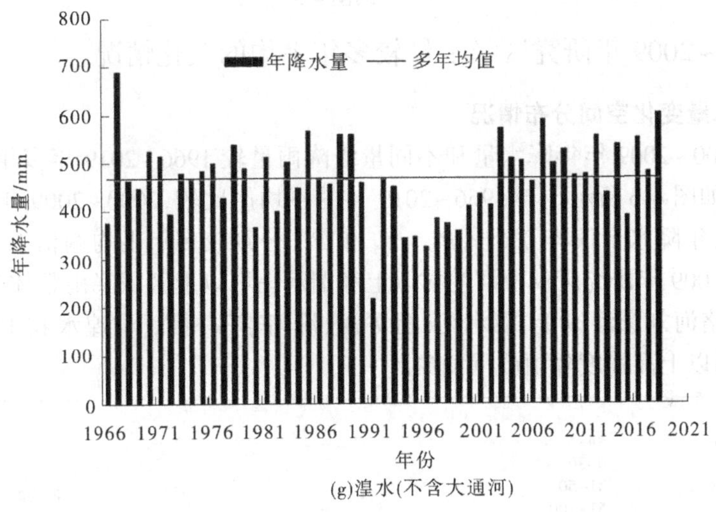

(g)湟水(不含大通河)

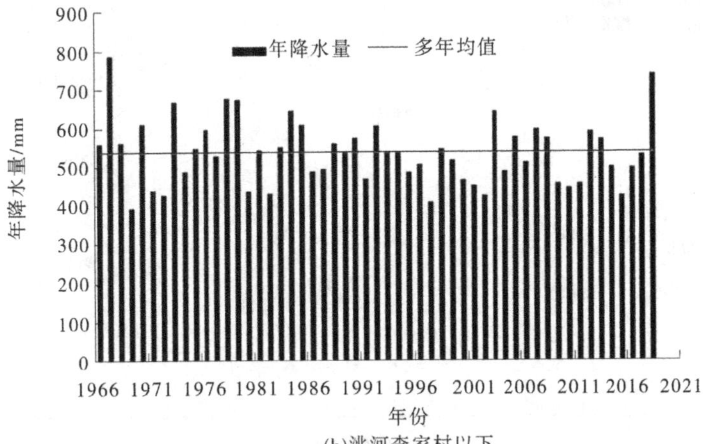

(h)洮河李家村以下

续图 4-5

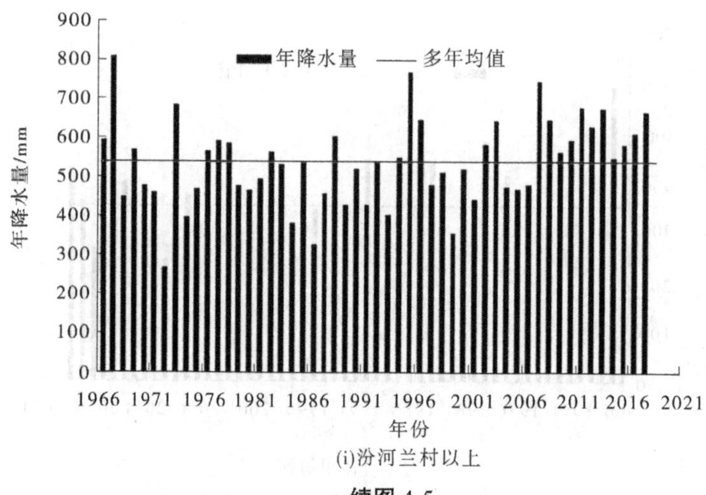

(i)汾河兰村以上

续图 4-5

4.2.3 2000~2009 年研究区降水量较多年平均的变化情况

4.2.3.1 降水量变化空间分布情况

研究区 2000~2009 年年降水量和不同量级降雨量较 1966~2019 年多年平均的变化空间分布情况如图 4-6 所示。与 1966~2019 年的平均值比较,2000~2009 年研究区降雨总体变化不大,年降水量偏丰 0.6%,P_{10}、P_{25} 和 P_{50} 分别较多年平均偏枯 1.7%、2.9%和 3.7%。2000~2009 年研究区仅汾河兰村以上和渭河拓石以上区域降雨整体偏丰,降雨偏枯主要位于北洛河刘家河以上、清水河、祖厉河、洮河李家村以下、湟水和十大孔兑上中游,尤其是大雨以上高强度降雨严重偏少。

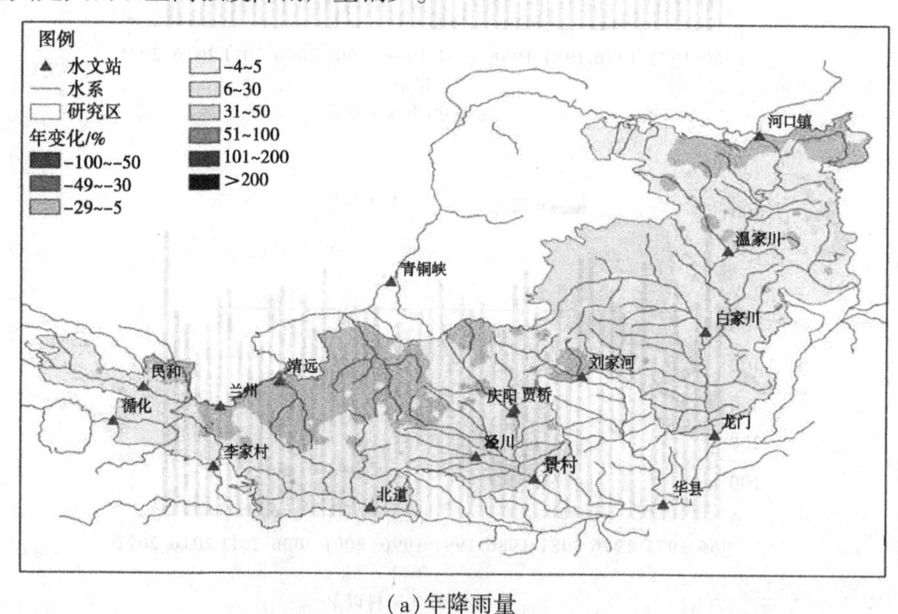

(a)年降雨量

图 4-6 研究区 2000~2009 年年降水量和不同量级降雨量较 1966~2019 年多年平均的变化 (单位:mm)

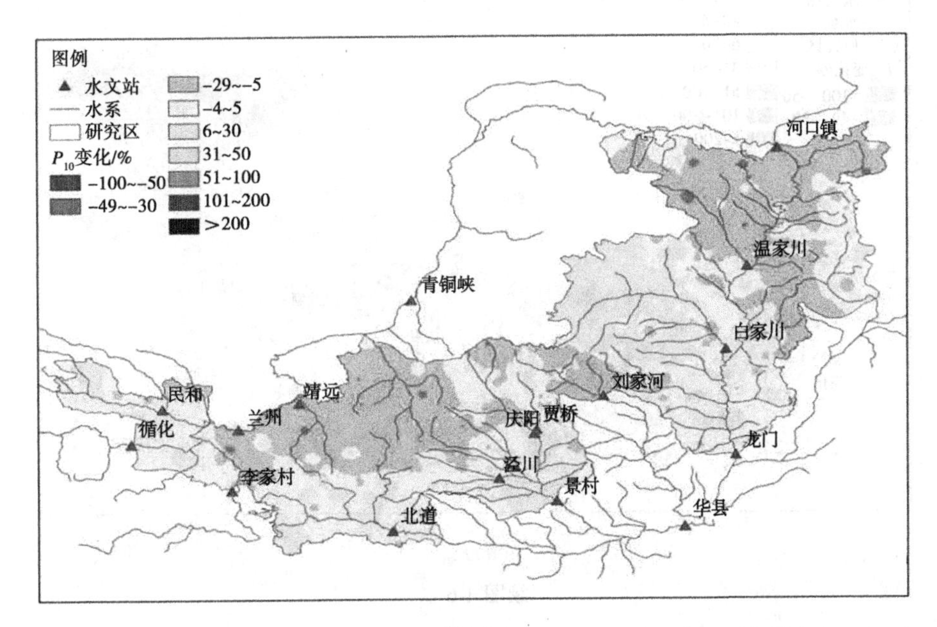

(b) P_{10}

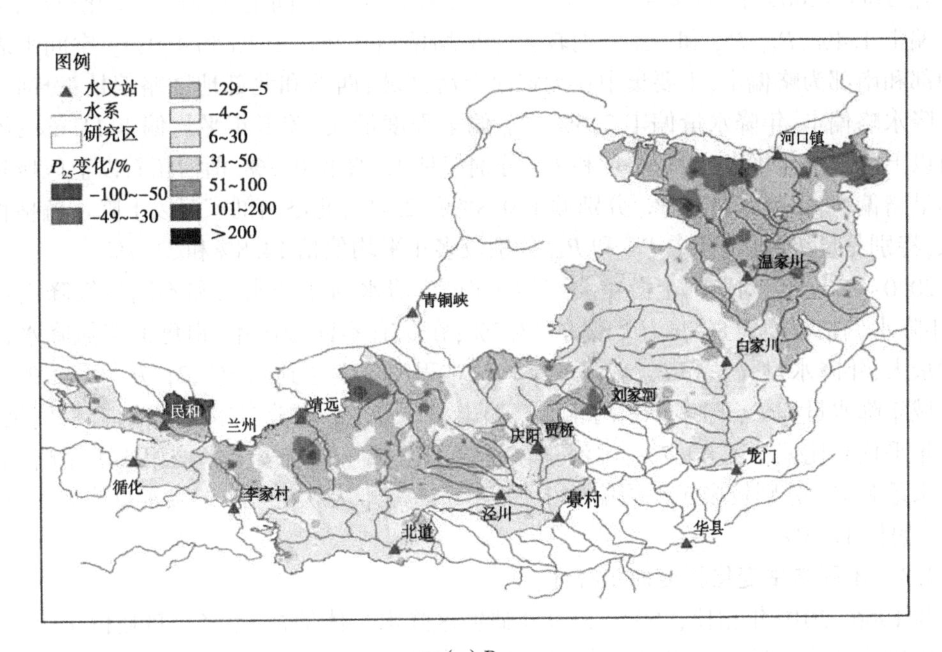

(c) P_{25}

图 4-6

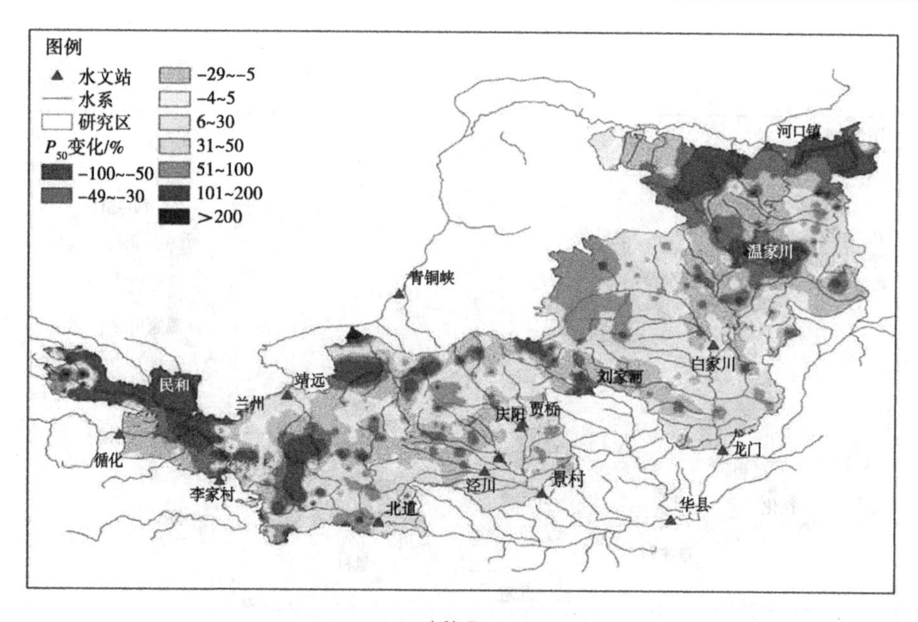

(d) P_{50}

续图 4-6

4.2.3.2 不同分区降水量变化特征

2000~2009 年研究区不同分区年降水量和量级降雨较多年平均变化情况见表 4-5 和图 4-7。2000~2009 年，对黄河中游主要产沙区来说，河龙区间整体降雨量变化较小，年降水量偏丰 1.4%，P_{10}、P_{25} 和 P_{50} 分别较多年平均偏枯 3.0%、2.2% 和 4.0%。空间上表现为中部和南部为略偏丰，主要集中在无定河上游区域；西部和北部地区略偏枯；汾河兰村以上降水略偏丰，年降水量偏丰 3.6%，P_{50} 偏丰程度最大，较多年平均偏丰 11.6%；泾河景村以上降水变化不大，年降水量和 P_{25} 分别偏枯 1.1% 和 0.2%；渭河拓石以上区域降水总体呈略偏丰，年降水量和 P_{25} 分别偏丰 0.8% 和 2.4%；北洛河刘家河以上降水偏枯程度较大，特别是量级降雨，其中 P_{25} 和 P_{50} 分别较多年平均偏枯 14.8% 和 31.7%。

2000~2009 年，对黄河上游主要产沙区而言，清水河年降水量和不同量级降雨均偏枯，年降水偏枯程度为 8.8%，P_{25} 偏枯 13.7%；在所有不同分区中，祖厉河流域降水偏枯程度最大，年降水量、P_{25} 和 P_{50} 较多年平均偏枯程度分别达到 9.3%、21.7% 和 22.3%；湟水流域年降水量和 P_{10} 与多年平均相比略偏丰，P_{25} 和 P_{50} 均较多年平均偏枯，特别是 P_{50} 与多年平均相比偏枯了 49.7%；洮河李家村以下区域降水与多年平均相比也是略偏枯，年降水量和 P_{25} 分别较多年平均偏枯 3.2% 和 6.3%；十大孔兑上中游降水总体偏枯，特别是 P_{25} 偏枯 13.4%。

4.2.3.3 不同丰枯变化程度面积统计

与 1966~2019 年相比，2000~2009 年研究区降水总体偏枯，年降水量略偏丰，不同量级降雨均偏枯，尤其是中雨以上的量级降雨偏枯程度最大。

基于年降水量和不同量级降雨量丰枯变化空间分布情况，统计不同丰枯变化程度所占研究区面积比例，分别统计偏丰或偏枯程度为 5%~20%、20%~30%、30%~50% 和 >50% 等降水变化较显著的面积所占研究区面积的比例，同时对偏丰或者偏枯变化程度小于5%的区域认为是变化不显著区域,单独统计其所占比重。

表4-5　2000~2009年研究区不同分区年降水量和量级降雨较多年平均变化情况　%

区域	年	P_{10}	P_{25}	P_{50}
河龙区间	1.4	-3.0	-2.2	-4.0
泾河	-1.1	-0.5	-0.2	3.2
北洛河	-6.5	-13.7	-14.8	-31.7
汾河	3.6	1.8	0.4	11.6
渭河	0.8	-0.1	2.4	5.7
清水河	-8.8	-15.0	-13.7	-8.7
祖厉河	-9.3	-13.3	-21.7	-22.3
洮河	-3.2	-5.2	-6.3	-14.3
湟水	5.2	8.7	-9.4	-49.7
十大孔兑	-1.0	-1.0	-13.4	-9.3
研究区	0.6	-1.7	-2.9	-3.7

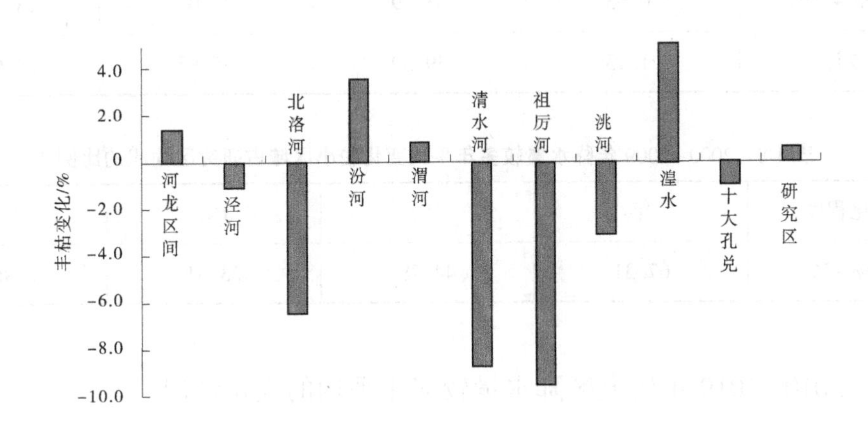

图4-7　研究区不同分区2000~2009年年降水量丰枯变化情况

2000~2009年研究区年降水量和不同量级降雨量不同丰枯变化程度所占研究区面积比例统计结果见表4-6~表4-8。2000~2009年研究区年降水量总体偏丰,偏丰程度>5%的区域占研究区总面积的16.59%;偏枯程度>5%的区域占研究区总面积的21.13%,且均集中在变化程度为-20%~-5%;变化不显著区域所占面积比例最大,达到67.31%。

2000~2009年,P_{25}和P_{50}偏丰程度大于5%的面积分别占研究区总面积的31.43%和36.67%,偏枯程度大于5%的面积分别占研究区总面积的45.85%和52.69%,变化不显著区域所占面积分别为23.51%和8.96%。

表 4-6　2000~2009 年降水量偏丰面积占研究区面积的比例　%

偏丰程度	年	P_{10}	P_{25}	P_{50}
5%~20%	16.57	17.16	21.93	12.06
20%~30%	0.02	0.95	5.71	7.20
30%~50%	0	0.04	3.60	9.16
>50%	0	0	0.19	8.25
合计	16.59	18.15	31.43	36.67

表 4-7　2000~2009 年降水量偏枯面积占研究区面积的比例　%

偏枯程度	年	P_{10}	P_{25}	P_{50}
>-50%	0	0	0.99	12.10
-50%~-30%	0	0.43	5.89	12.41
-30%~-20%	0.20	6.17	10.92	9.83
-20%~-5%	20.93	33.09	28.05	18.35
合计	21.13	39.39	45.85	52.69

表 4-8　2000~2009 年降水量较多年平均变化较小区域占研究区面积的比例　%

变化程度	年	P_{10}	P_{25}	P_{50}
-5%~5%	67.31	44.78	23.51	8.96

4.2.4　2010~2019 年研究区降水量较多年平均的变化情况

4.2.4.1　丰枯变化空间分布情况

研究区 2010~2019 年年降水量和不同量级降雨量较 1966~2019 年多年平均的变化空间分布情况如图 4-8 所示。与 1966~2019 年的平均值比较，2010~2019 年研究区降雨总体偏丰，年降水量偏丰 11.0%，各区降雨丰枯程度有很大差别。2010~2019 年研究区大部分地区降水偏丰，河龙区间降雨偏丰程度最大，其次为汾河兰村以上、北洛河刘家河以上、泾河景村以上、清水河和湟水流域，渭河流域降水略偏丰，降雨偏枯主要位于祖厉河、洮河李家村以下和十大孔兑上中游。

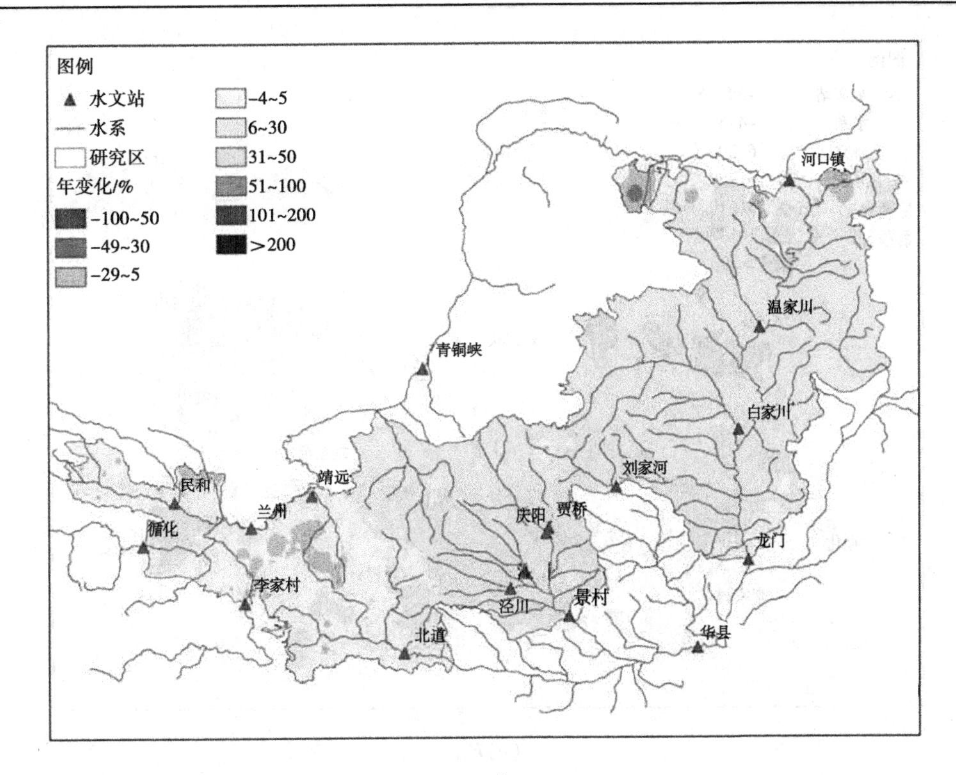

(a)年

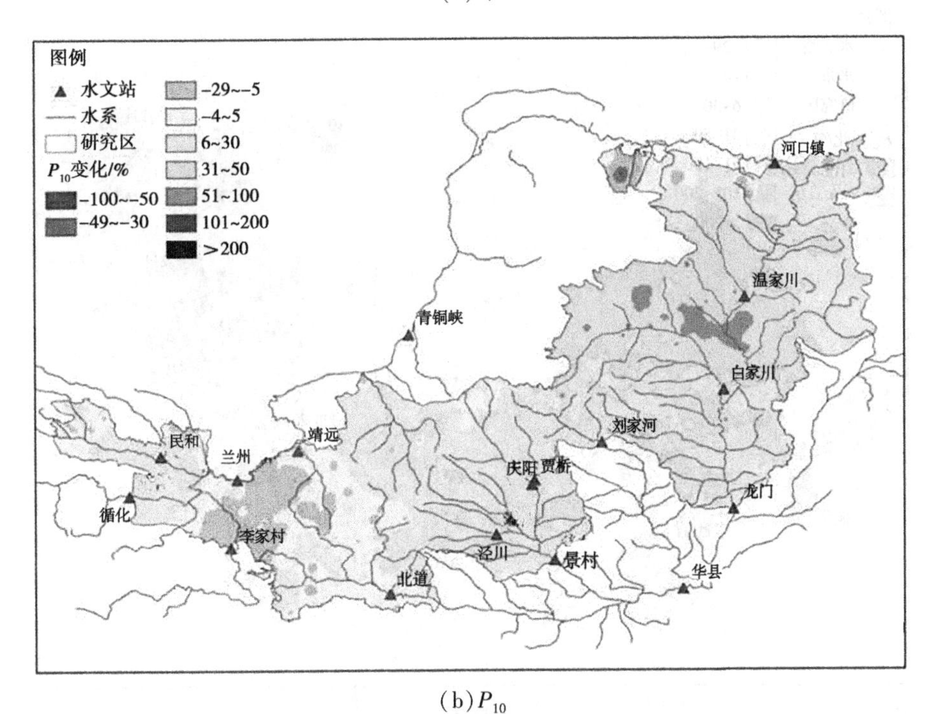

(b) P_{10}

图 4-8　2010~2019 年年降水量和不同量级降雨量较 1966~2019 年多年平均的变化 （单位：mm）

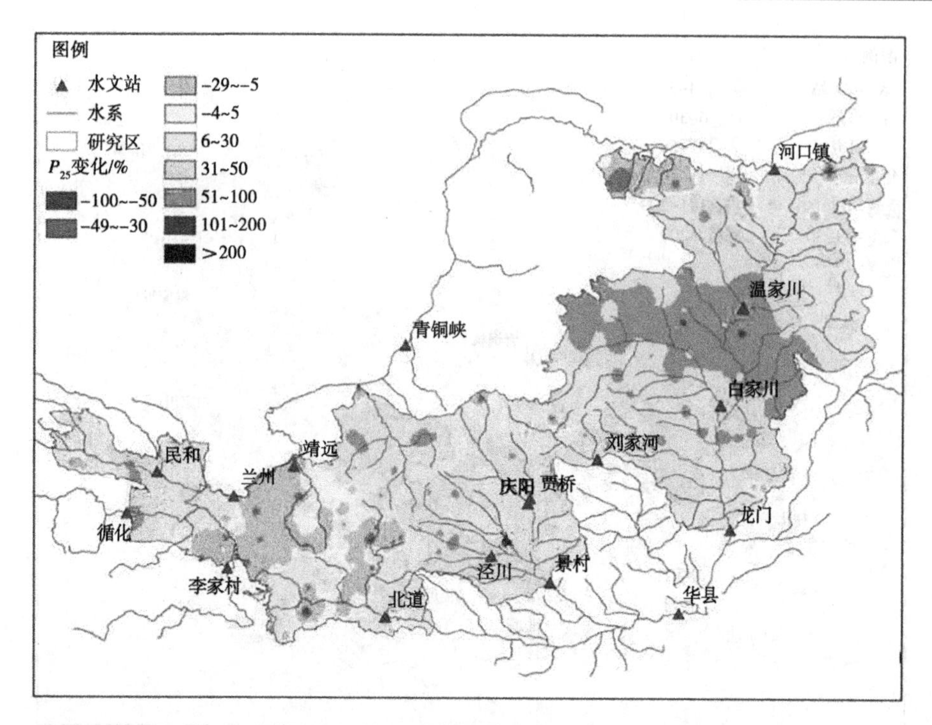

(c) P_{25}

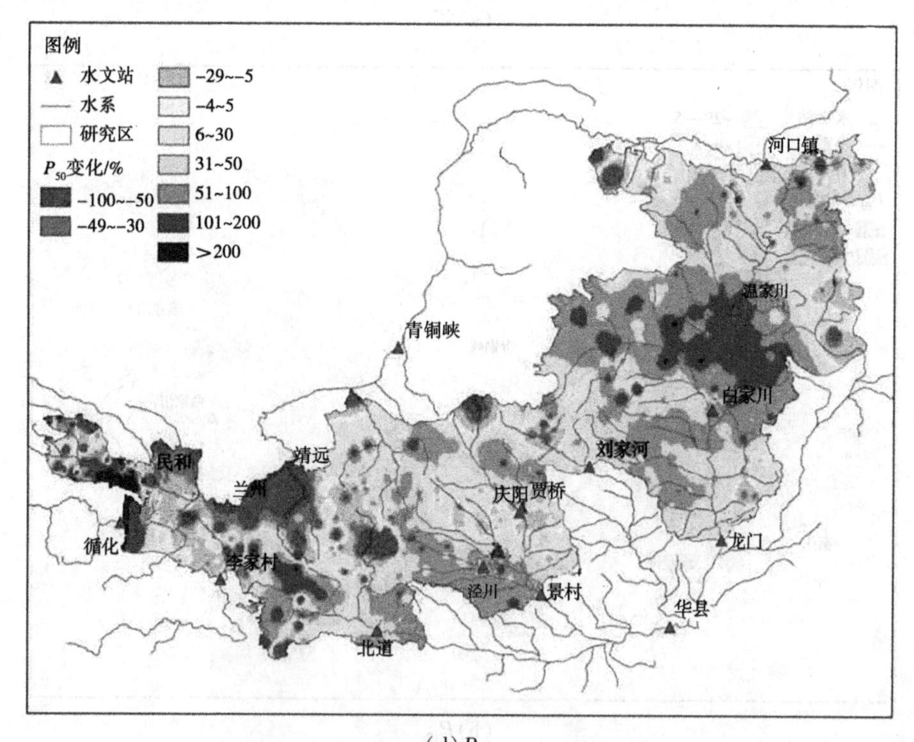

(d) P_{50}

续图 4-8

4.2.4.2　不同分区降水量变化特征

2000~2009年研究区不同分区年降水量和量级降雨较多年平均变化情况见表4-9和图4-9。2010~2019年,河龙区间年降水量和量级降雨均偏丰,特别是河龙区间中部,河龙区间年降水量、P_{25}和P_{50}分别较多年平均偏丰17.7%、40.0%和62.5%;泾河景村以上区域降水偏丰,其中P_{25}较多年平均偏丰27.4%;渭河拓石以上低雨强降水量基本正常,P_{50}偏丰17.1%;汾河兰村以上降水总体偏丰,但P_{50}较多年平均偏枯9.1%;清水河流域降水偏丰,其中P_{25}和P_{50}分别较多年平均偏丰34.0%和38.7%。

2010~2019年研究区量级降雨偏枯主要位于祖厉河和洮河,尤其是大雨以上高强度降雨严重偏少,P_{50}的偏枯程度分别高达32.5%和6.4%。2000~2009年十大孔兑上中游降水总体偏枯,年降水量和P_{25}分别偏枯6.7%和20.3%,但P_{50}偏丰8.6%。

表4-9　2000~2009年研究区不同分区年降水量和量级降雨较多年平均变化情况　%

区域	年	P_{10}	P_{25}	P_{50}
河龙区间	17.7	31.5	40.0	62.5
泾河	9.1	13.4	27.4	28.7
北洛河	7.4	15.6	18.1	-3.6
汾河	16.1	16.1	21.4	-9.1
渭河	3.2	3.6	4.4	17.1
清水河	11.3	17.0	34.0	38.7
祖厉河	-4.4	-4.6	-11.8	-32.5
洮河	-1.3	-3.9	-7.2	-6.4
湟水	7.0	10.6	11.9	8.1
十大孔兑	-6.7	-6.7	-20.3	8.6
研究区	11.0	17.1	26.2	38.5

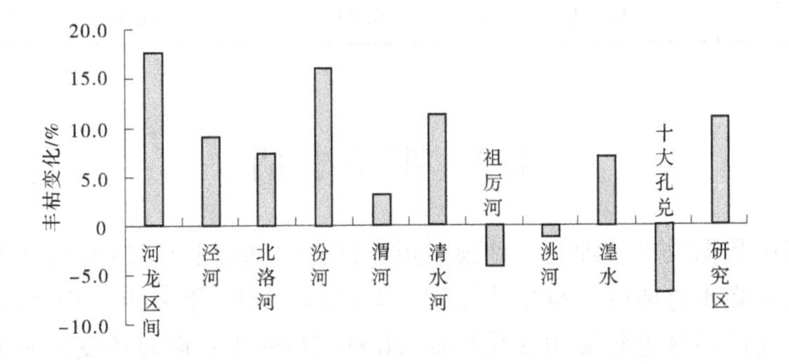

图4-9　研究区不同分区2010~2019年降雨丰枯变化

4.2.4.3 不同丰枯变化程度面积统计

与 1966~2019 年相比,2010~2019 年研究区降雨总体偏丰,年降水量和量级降雨均偏丰,尤其是中雨以上的量级降雨偏丰程度最大。2010~2019 年研究区年降水量和不同量级降雨量不同丰枯变化程度所占研究区面积比例统计结果见表 4-10~表 4-12。2010~2019 年 P_{25} 和 P_{50} 偏枯程度大于 5%的面积分别占研究区总面积的 11.29%和 17.41%,偏丰程度大于 5%的面积分别占研究区总面积的 81.07%和 76.40%。

2010~2019 年研究区年降水量总体偏丰,偏枯面积仅占总面积的 4.02%。

表 4-10　2010~2019 年降水量偏丰面积占研究区面积的比例　%

偏丰程度	年	P_{10}	P_{25}	P_{50}
5%~20%	53.70	37.19	17.40	12.19
20%~30%	14.53	17.64	20.72	8.80
30%~50%	3.06	21.60	29.39	17.40
>50%	0	1.76	13.56	38.01
合计	71.29	78.19	81.07	76.40

表 4-11　2010~2019 年降水量偏枯面积占研究区面积的比例　%

偏枯程度	年	P_{10}	P_{25}	P_{50}
>-50%	0	0	0.03	4.40
-50%~-30%	0.13	0.13	0.88	3.80
-30%~-20%	0.30	0.31	2.36	2.60
-20%~-5%	3.59	6.11	8.02	6.61
合计	4.02	6.55	11.29	17.41

表 4-12　2010~2019 年降水量较多年平均变化较小区域占研究区面积的比例　%

变化程度	年	P_{10}	P_{25}	P_{50}
-5%~5%	32.21	19.71	6.44	6.20

4.3 本章小结

本章在降雨数据收集整理及多种雨强指标计算的基础上,运用数据统计方法,分析了黄河主要产沙区降水总体的时空变化情况;以 1966~2019 年多年平均降雨数据为基准,分析了黄河主要产沙区近年降雨变化特征,2000~2009 年降雨总体变化不大,2010~2019 年降雨总体偏丰,年降水量偏丰 11.1%。

第 5 章　研究区林草植被数据挖掘分析

结合数据仓库关于黄河主要产沙区植被数据的主题服务，利用黄河花园口以上各支流（地区）林草植被遥感数据产品 GIMMS NDVI（1982～2010 年）和 MODIS NDVI（2000～2018 年）数据，分析各支流（地区）1982 年以来的植被盖度变化过程和特点；基于植被恢复的自然规律，预测未来植被盖度发展趋势。

5.1　各支流植被时空变化特征

5.1.1　黄河上中游植被变化特征分析

为精确刻画黄河流域主要产沙区的林草植被盖度变化特征，采用 1978 年、1998 年、2010 年和 2016 年的 30 m 分辨率遥感影像反演主要产沙区的林草植被盖度，主要产沙区不同时期的林草植被盖度变化如图 5-1 所示。

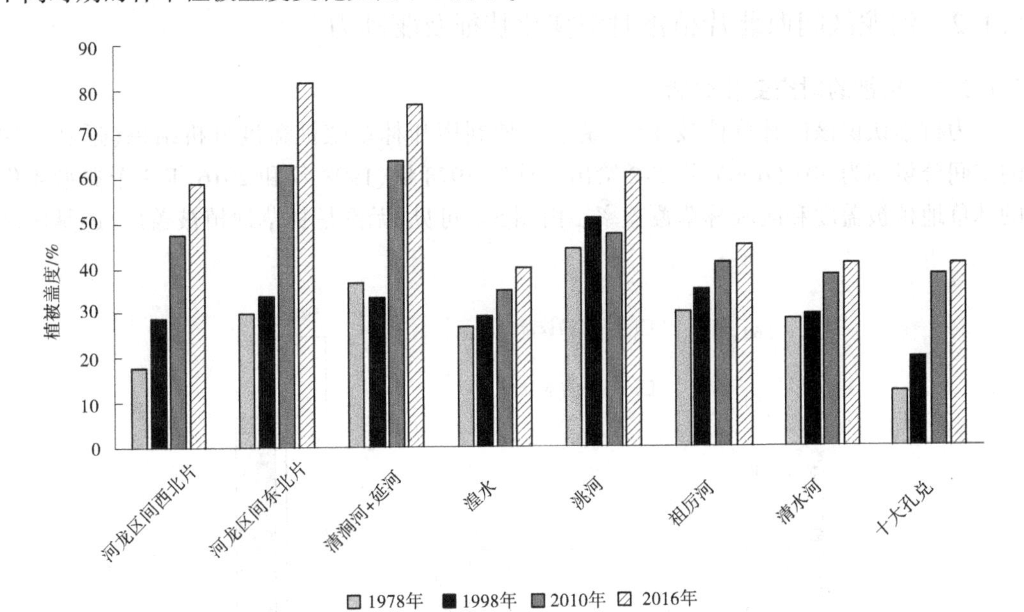

图 5-1　主要产沙区不同时期的林草植被盖度变化

主要产沙区林草植被盖度以河龙区间西北片、东北片和十大孔兑变化最为明显，2016 年相比于 1978 年河龙区间西北片增加幅度达 228%，十大孔兑增幅高达 232%，河龙区间东北片增幅 172%，清涧河和延河增幅也超过 100%。主要产沙区 1978～1998 年的林草植被盖度变化不明显，1998～2010 年林草植被盖度是 3 个阶段变化最显著的时期，2010～

2016 年林草植被盖度上升趋势明显放缓，增长幅度普遍在 10%～20%。说明林草植被显著改善时期为 1998～2010 年期间，2010 年以后植被盖度轻微上升，趋于稳定，这与宏观尺度上 MODIS NDVI 的分析结果一致。

随着植被恢复措施（如退耕还林还草工程和防护林工程）的大力开展，产沙区的植被盖度显著增加，黄土高原梁峁丘陵区植被盖度平均值增加至 65%～75%（见表 5-1），黄土高原丘陵沟壑区植被盖度平均值增加至 55%～70%，黄土高原风沙区植被盖度平均值则增加至 30%～45%。计算过去 21 年的增长速率黄土高原梁峁丘陵区、黄土高原丘陵沟壑区和黄土高原风沙区平均增长速率分别为 12.8%、13.7%和 23.7%。基于植被盖度的现状，结合降水量和土壤、地形等限制因子，预测黄土高原梁峁丘陵区植被盖度可达 73%～85%，黄土高原丘陵沟壑区植被盖度变化在 63%～80%，黄土高原风沙区植被盖度可达 37%～56%。

表 5-1　主要水土流失区植被盖度平均值变化范围　　%

分区	1980～1997 年	1998～2018 年	未来
黄土高原梁峁丘陵区	25～30	65～75	73～85
黄土高原丘陵沟壑区	20～32	55～70	63～80
黄土高原风沙区	10～18	30～45	37～56

5.1.2　河龙区间西北片植被时空变化特征及驱动力

5.1.2.1　植被的时空变化分析

为科学认识该区林草植被变化，基于土地利用和林草植被盖度分析结果（遥感影像的空间分辨率为 30～56 m），图 5-2 给出了该区 1978 年、1998 年和 2016 年 3 个典型年份的林草地植被盖度和区域林草覆盖率。由图 5-2 可见，无论是林草地植被盖度，还是区域

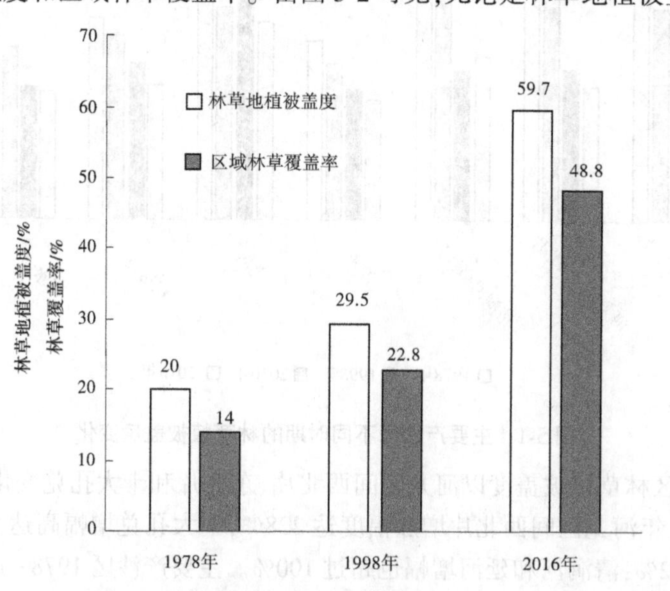

图 5-2　研究区林草植被变化

林草覆盖率,2016 年的数值都达到 1978 年的 3 倍左右。

在 1978 年,研究区林草覆盖率大多不足 20%,其中窟野河中部和秃尾河上中游的风沙区甚至不足 10%;而在 2016 年,大部分地区的林草覆盖率都在 40%~60%,只有降雨和土壤条件均较差的西北部以及耕地面积占比较大的秃尾河下游仍不足 40%。事实上,秃尾河下游 2016 年林草地的植被盖度已达 60%以上,其区域林草覆盖率不足 40%的原因主要是耕地面积较大、林草地面积占比较小。

深入分析图 5-3 可见,近 40 年该区林草植被覆盖状况的巨大改善主要发生在 1998 年以后,前 20 年的改善幅度仅占 1/4,这与基于低分辨率遥感影像数据分析获取的 1981~2017 年研究区 NDVI 的变化过程大体一致。与 1981~1985 年相比,研究区植被一直处于不断改善过程中,但 2005 年以前改善幅度不大,其中 1990~1999 年和 2000~2005 年的 NDVI 仅分别增加 11%和 12%;2006 年以后,植被改善速度大幅提升。已有土地利用分析研究表明,该区耕地不多,20 世纪 70 年代末的林草地面积占比为 70%,2016 年约 82%。因此,图 5-3 揭示的 1981~2017 年研究区 NDVI 变化,可以大体反映研究区林草植被覆盖状况的变化过程。

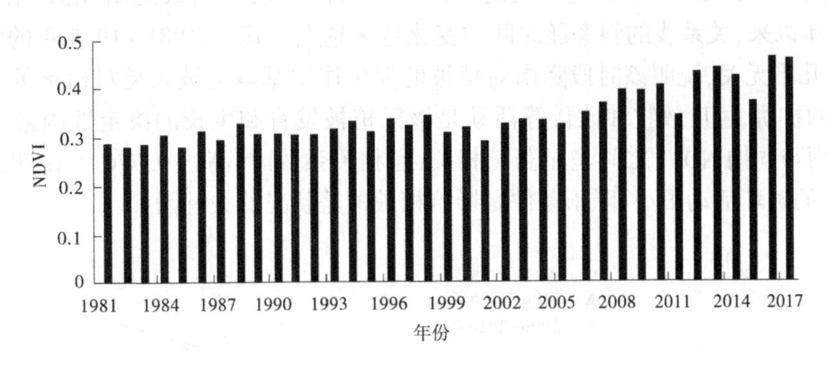

图 5-3　1981~2017 年研究区 NDVI 变化

研究区 1978 年以来的植被覆盖发展过程可大体划分成 3 个阶段:一是 1978~1985 年,二是 1986~2005 年,三是 2006~2017 年。显然,1986~2005 年是植被的缓慢改善期,2006 年以后是快速改善期。

5.1.2.2　驱动力分析

降雨和气温显然是影响植被生长状况的关键气候因素,在植被发育和生长的关键期,降雨越多,气温越高,植被生长越茂盛(相应的 NDVI 值越大)。在气温低、降雨少的河龙区间西北片,4~9 月降雨对植被发育和生长非常重要。由图 5-4 可见,1981 年以来,研究区 4~9 月降雨大体经历了 3 个过程,1981~1996 年降雨表现为平略偏枯,1997~2011 年偏枯,2012~2016 年明显偏丰。与降雨变化有所不同,20 世纪后半期,研究区气温一直处于缓慢上升状态,其中 1998~2016 年气温较 20 世纪 70 年代以前偏高 2.1 ℃。由此可见,2012 年以来的降雨和气温条件均有利于研究区植被生长。

有关降雨偏丰和气温偏高对近年黄土高原植被改善的贡献,已有研究成果认为,水热因素是近年黄土高原植被改善的主要原因。不过,值得注意的是,在降雨明显偏枯的 2006~2011 年,恰是研究区植被覆盖状况快速改善的时期。这个现象说明,在 2006 年以

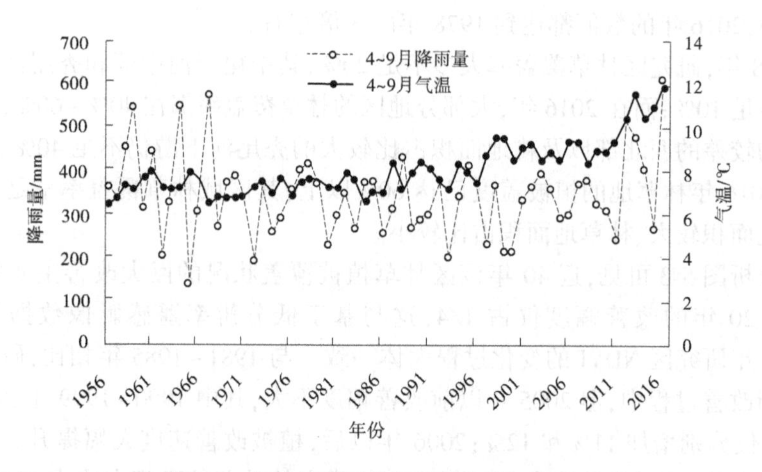

图 5-4　河龙区间西北片降雨和气温变化

来,除降雨因素外,还有更重要的因素在促使植被覆盖状况大幅改善。

分析了 1981~2016 年不同时段的降雨与 NDVI 的关系,结果见图 5-5。由图 5-5 可见,1981 年以来,关系线的斜率随时间的变化越来越大。其中,1981~1995 年的降雨与同期 NDVI 几乎无关,说明该时段降雨对植被的促生作用基本上被人类对植被的破坏所抵消,人类的扩耕、过度放牧和砍伐等活动是该区植被发育和生长的决定性因素。2006 年以来,降雨与同期 NDVI 之间呈显著正相关,且相关系数 R^2 高达 0.770 9,说明该时期人类对植被的破坏活动很小,降雨条件是影响植被覆盖状况的关键因素。

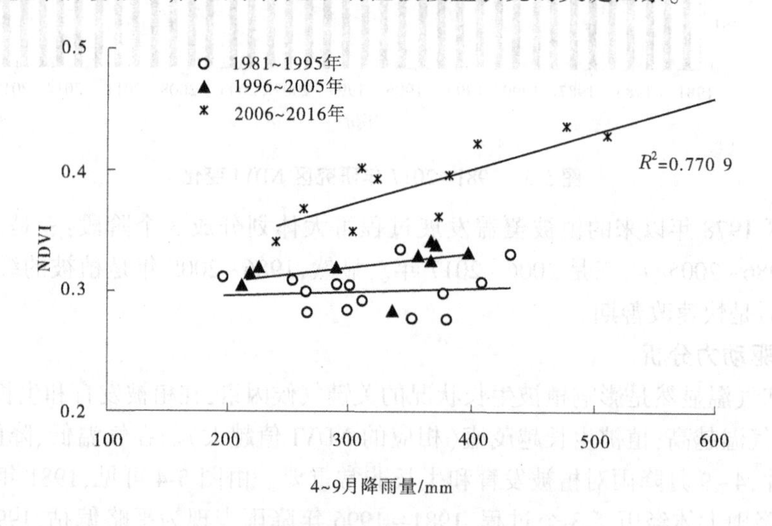

图 5-5　研究区降雨与 NDVI 的响应关系

5.1.3　河潼区间生长季 NDVI 变化及对降水、气温的响应

5.1.3.1　植被生长季 NDVI 变化

1. NDVI 在时间上的动态变化

对 1982~2015 年生长季每月 NDVI 进行 Mann-Kendall 检验,结果见图 5-6。可以看

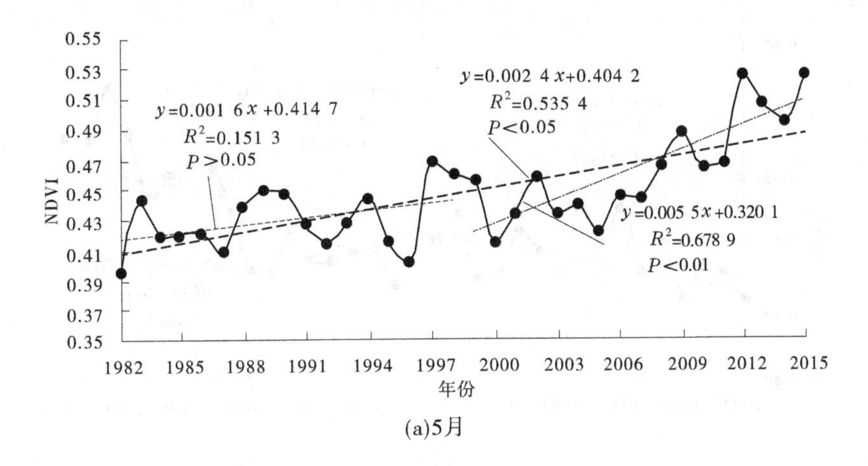

(a)5月

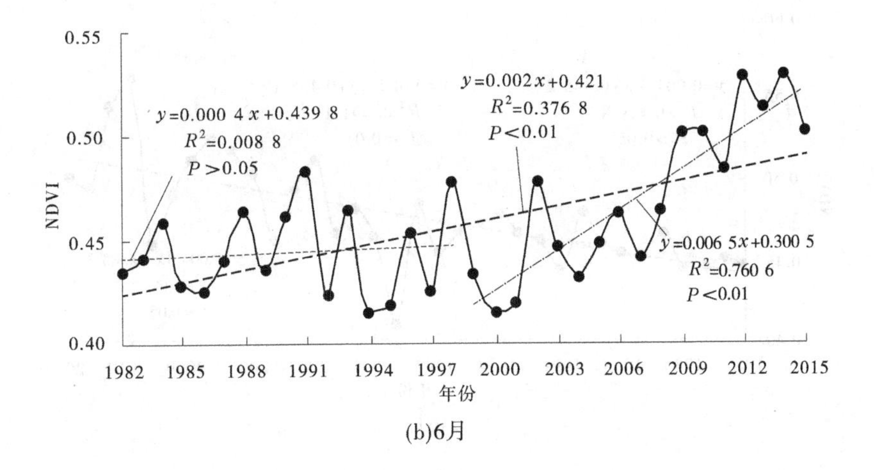

(b)6月

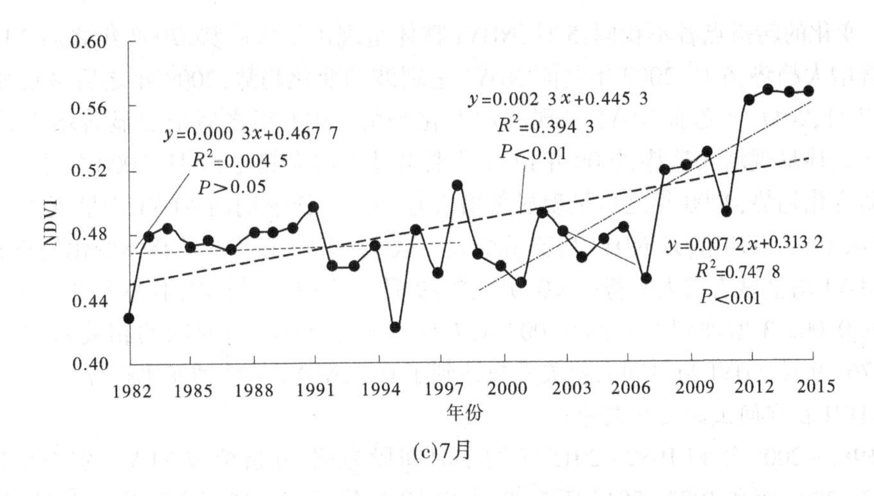

(c)7月

图 5-6　1982~2015 年生长季 NDVI 长时间序列变化趋势

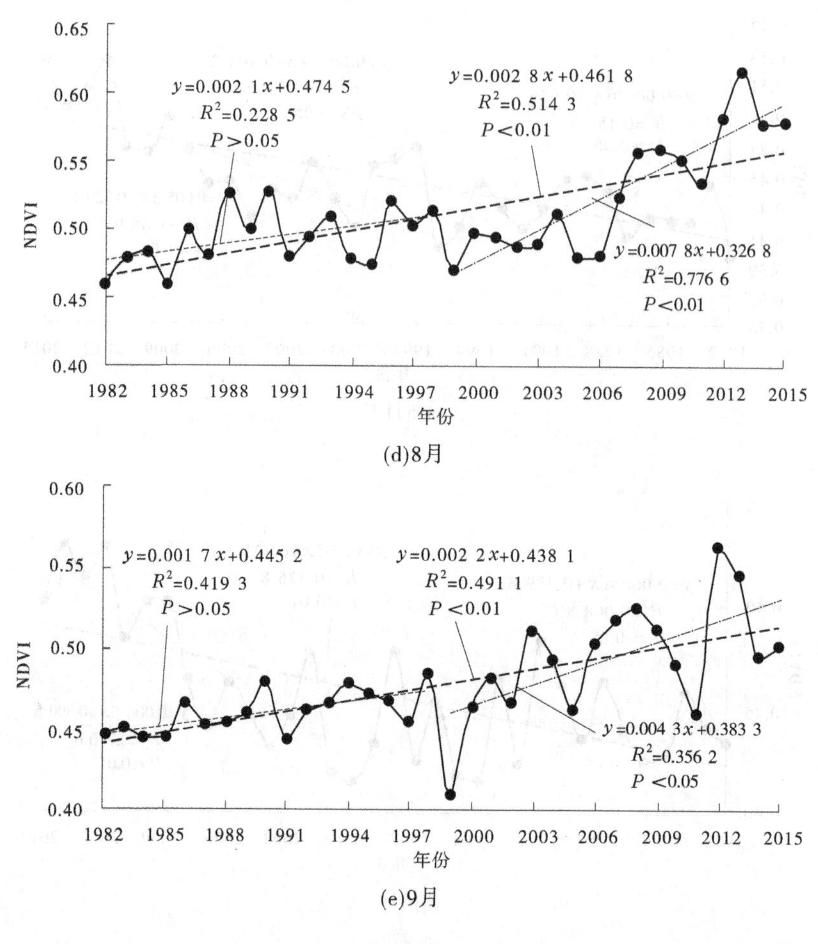

(d)8月

(e)9月

续图 5-6

出 NDVI 变化的转折点各不相同:5 月,NDVI 整体呈现出增大趋势,2008 年之后 NDVI 呈现出显著增大趋势;6 月,2009 年之前 NDVI 呈现波动变化趋势,2009 年之后呈现显著增大趋势;7 月,2011 年之前 NDVI 呈现波动变化趋势,2011 年之后呈现显著增大趋势;8 月,NDVI 整体呈现增大趋势,2009 年以后呈现出显著增大趋势;9 月,2000 年之前 NDVI 呈现波动变化趋势,2000 年之后呈现显著增大趋势。生长季期间 NDVI 均呈现出一个共同点,即从 1982 年开始,月 NDVI 均值呈增大—减小—增大趋势。从整体变化趋势看,除 5 月外 NDVI 均呈显著增大趋势($P<0.01$),7~9 月显著增大,与 MK 检验结果一致;斜率由 7 月的 0.002 3 增加到 8 月的 0.002 8,7 月和 8 月 NDVI 与时间的相关系数分别为 0.63、0.76, 9 月 NDVI 与时间的相关系数达到了 0.7,NDVI 呈波动变化趋势。

2. NDVI 在空间上的变化趋势

以 1982~2009 年和 1982~2015 年两个时间段为例,分析植被 NDVI 的空间变化特征。1982~2009 年和 1982~2015 年 5~9 月 NDVI 逐像元变化斜率空间分布表明:在生长季期间,NDVI 随着时间的变化,斜率在 0.002 以上所覆盖的面积逐渐增大。1982~2009 年,随着时间的变化,渭河流域 NDVI 变化趋势逐渐降低,8 月达到最低,斜率在-0.005~

-0.001 范围内居多，原因可能是土地利用类型发生了改变，该流域以耕地为主，该时期由于作物收割等原因，NDVI 逐渐降低。泾河流域 NDVI 变化从7月开始逐渐增大，无定河、北洛河、窟野河、皇甫川和浑河流域 NDVI 逐渐变大。1982~2015年，NDVI 整体呈现增大趋势，无定河、泾河和北洛河流域 NDVI 变化较1982~2009年明显，渭河流域 NDVI 虽然变化缓慢，但较1982~2009年有一定的增长。

斜率 slope 的变化代表了 NDVI 变化趋势。表5-2为7个时间段 slope 值在各个范围内的像元个数占总像元个数的百分比，可以看出，7个时间段在生长季内斜率变化小于0的占比呈逐渐减小的趋势，说明在这7个时间段内 NDVI 呈现逐渐增加趋势，但在1982~2011年的9月，斜率小于0所占的像元个数百分比达到了82.30%，NDVI 平均每年增大0.01，原因可能是该期间植被受到气候因素或人为因素的影响，或者土地类型发生了改变，使得植被呈现出大面积减小趋势。0≤slope<0.003 范围内像元个数占总像元个数的百分比最大，随着时间的变化，0.003≤slope<0.006、0.006≤slope<0.009 以及 slope≥0.009 范围内所占的百分比呈波动变化趋势。

表5-2　7个时间段5~9月 slope 值在各个范围内的像元个数占总像元个数百分比　%

月份	时间段	slope<0	0≤slope<0.003	0.003≤slope<0.006	0.006≤slope<0.009	slope≥0.009
5	1982~2009年	18.72	66.14	13.91	1.23	0
	1982~2010年	16.30	68.01	14.76	0.93	0
	1982~2011年	15.42	67.26	16.22	1.07	0.03
	1982~2012年	11.22	66.00	21.08	1.65	0.05
	1982~2013年	10.07	62.46	25.16	2.25	0.06
	1982~2014年	9.39	61.14	26.70	2.39	0.08
	1982~2015年	8.67	57.14	30.65	3.46	0.08
6	1982~2009年	34.91	57.05	7.33	0.52	0.19
	1982~2010年	28.27	60.09	10.81	0.69	0.14
	1982~2011年	25.36	61.55	12.13	0.82	0.14
	1982~2012年	16.79	65.31	16.77	0.99	0.14
	1982~2013年	13.94	65.92	18.69	1.34	0.11
	1982~2014年	11.69	63.23	22.64	2.39	0.05
	1982~2015年	11.11	62.93	23.96	1.98	0.02

续表 5-2

月份	时间段	slope<0	0≤slope<0.003	0.003≤slope<0.006	0.006≤slope<0.009	slope≥0.009
7	1982~2009 年	33.07	59.35	7.11	0.27	0
	1982~2010 年	26.76	63.23	9.82	0.19	0
	1982~2011 年	29.86	57.27	12.79	0.08	0
	1982~2012 年	23.54	56.59	19.32	0.25	0
	1982~2013 年	18.63	54.45	26.26	0.66	0
	1982~2014 年	16.16	51.11	31.28	1.45	0
	1982~2015 年	12.82	49.95	35.45	1.78	0
8	1982~2009 年	23.27	52.44	23.77	0.52	0
	1982~2010 年	21.19	51.04	27.22	0.55	0
	1982~2011 年	20.50	51.29	27.80	0.41	0
	1982~2012 年	18.41	45.47	34.41	1.71	0
	1982~2013 年	15.53	39.79	40.37	4.31	0
	1982~2014 年	15.07	37.27	40.99	6.67	0
	1982~2015 年	13.06	37.35	43.17	6.42	0
9	1982~2009 年	9.94	59.33	29.39	0.66	0.08
	1982~2010 年	13.50	54.03	31.97	0.47	0.03
	1982~2011 年	82.30	15.64	2.01	0.05	0
	1982~2012 年	16.14	45.28	37.79	0.79	0
	1982~2013 年	15.75	40.34	41.52	2.39	0
	1982~2014 年	18.47	38.97	39.33	3.13	0
	1982~2015 年	19.21	38.91	38.92	2.96	0

5.1.3.2　NDVI 对降水、气温的响应关系

1. NDVI 对降水量的响应

选用研究区 1982~2015 年 2~9 月降水量数据与生长季 5~9 月月均 NDVI 数据进行相关分析并进行显著性检验，结果如图 5-7 所示，可知生长季月均 NDVI 与降水量的相关性通过了显著性水平为 0.01 的检验。采用 2~6 月、3~7 月、4~8 月、5~9 月降水量分别与生长季 5~9 月月均 NDVI 进行长时间序列分析和相关分析。由图 5-7 可知，2013 年 8 月降水量达到最大值，月均 NDVI 变化与 4~8 月降水量的变化趋势一致，与 3~7 月、2~6 月降水量的变化趋势不同。

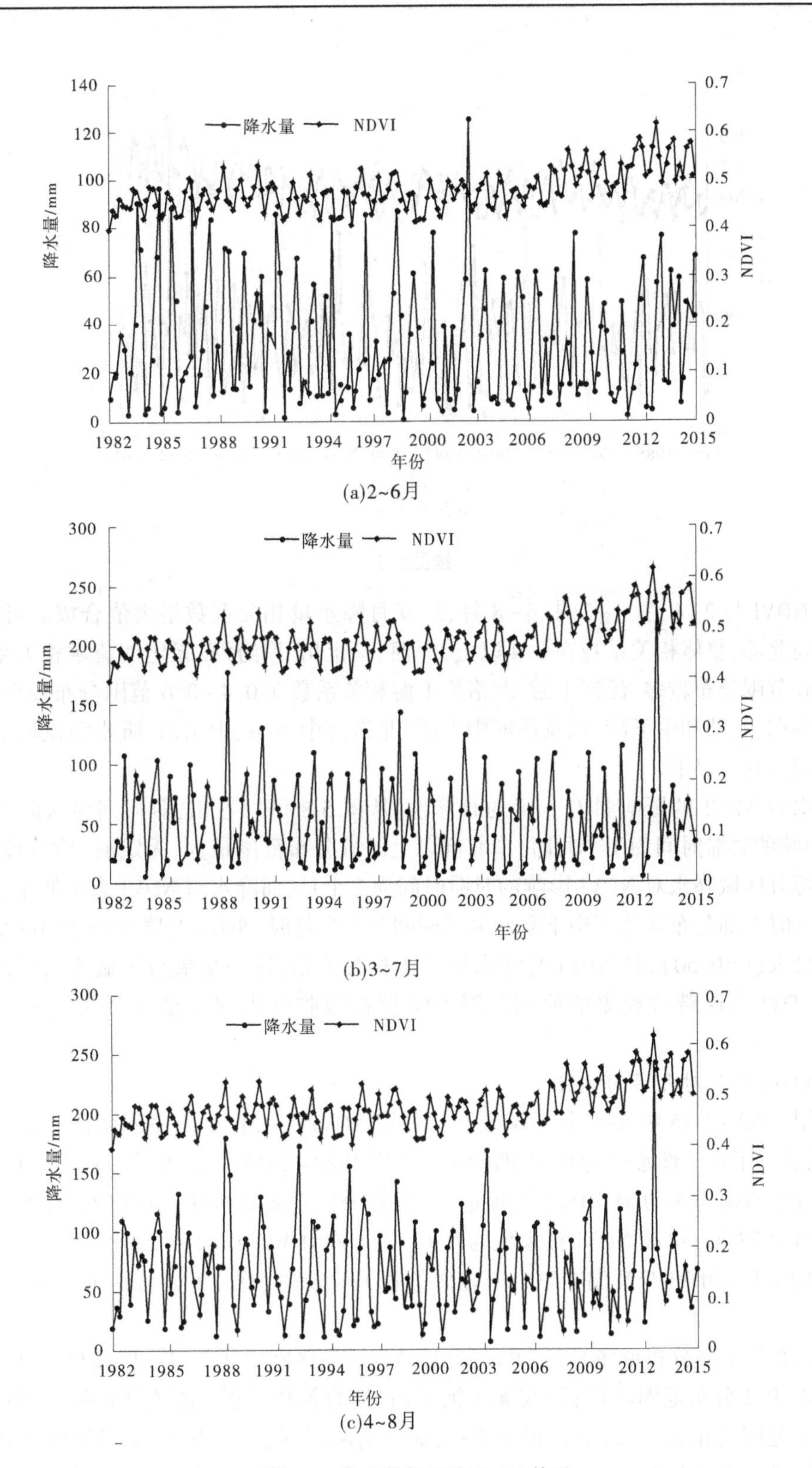

(a)2~6月

(b)3~7月

(c)4~8月

图 5-7　降水量与月均 NDVI 关系

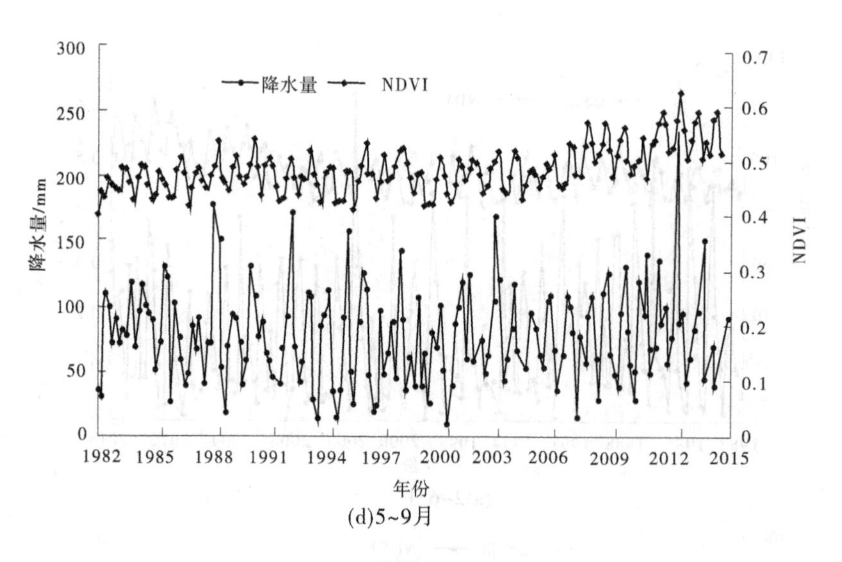

(d)5~9月

续图 5-7

将 NDVI 与 2~6 月、3~7 月、4~8 月、5~9 月降水量相关系数最大值合成后可知，在河潼区间北部，整体相关系数在 0.4 以上，浑河、皇甫川、窟野河、无定河流域相关系数在 0.4~0.6 范围分布较多，泾河上游、北洛河上游相关系数在 0.4~0.6 范围分布较少，而在渭河上游东、北部和中下游，以及泾河中下游、北洛河中下游、山川河、昕水河流域最大相关系数均在 0.3 以下。

降水对 NDVI 的影响具有一定的时滞性，从图 5-8 可以看出，黄河河潼区间降水对 NDVI 影响的时滞时间为 1 个月时，中北部以上区域分布范围最大，无定河上游和渭河中下游小部分区域降水对 NDVI 影响的时滞时间为 2 个月，而降水对 NDVI 影响的滞后时间为 3 个月时大都分布在渭河中下游。滞后时间为 1 个月时，NDVI 与降水量之间的相关系数达到最大(r=0.50)，且 NDVI 与降水量呈正相关关系，这一结果与沈斌等的研究结果一致。NDVI 出现滞后现象的原因是降水被植被吸收并表现为植被增长需要一定的时间。

2. NDVI 变化对气温的响应

采用 1982~2015 年 5~9 月气温数据与月均 NDVI 进行长时间序列变化分析与相关分析，均通过了显著性水平为 0.01 的检验。采用 1982~2015 年 2~6 月、3~7 月、4~8 月、5~9 月气温数据与 5~9 月 NDVI 数据进行滞后性分析。从图 5-9(a)可以看出，生长季气温最大值为 23 ℃，植被 NDVI 最大值为 0.6，生长季 NDVI 与气温的变化趋势大致相同；图 5-9(b)表明，NDVI 与气温在整个研究区的相关性较高，通过了显著性水平为 0.01 的检验。

相关系数空间分布见图 5-10，可以看出，黄河河潼区间中北部以上植被与气温的相关系数在 0~0.2 分布范围较广；而在无定河上游、窟野河中下游、北洛河上游等部分存在 0.1~0.3 范围的相关系数，呈正相关关系；而在渭河流域、泾河下游、北洛河中下游流域植被与气温的相关系数小于 0，呈负相关关系，原因可能是气温升高加速了地表蒸散发，使水分加速缺失，抑制了植被的生长，从而使植被 NDVI 减小。

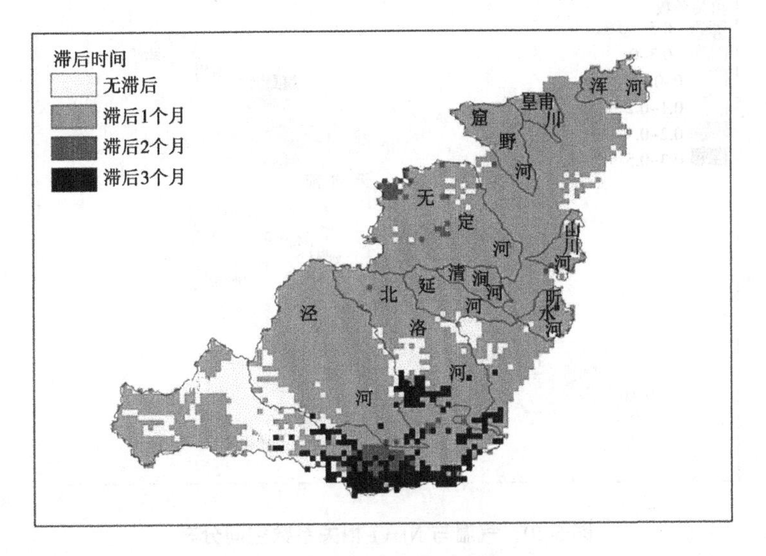

图 5-8　NDVI 滞后时间空间分布

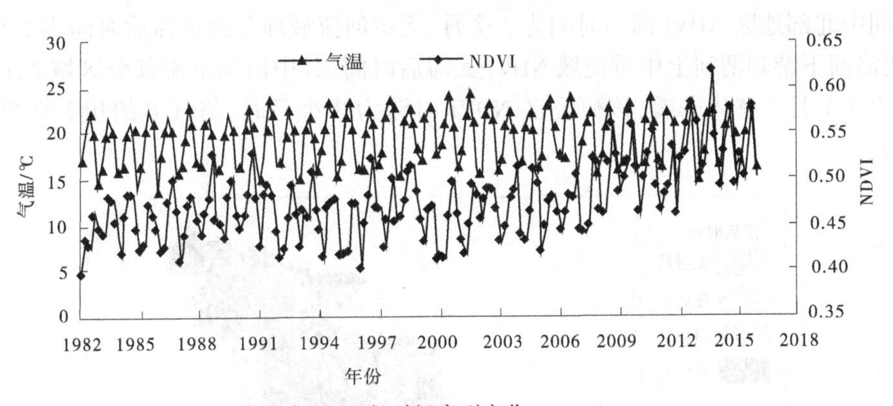

(a)气温与NDVI长时间序列变化

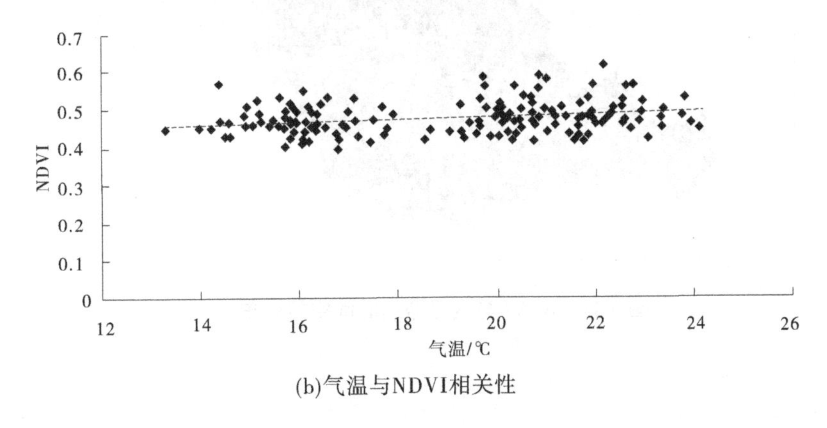

(b)气温与NDVI相关性

图 5-9　NDVI 与气温的变化关系

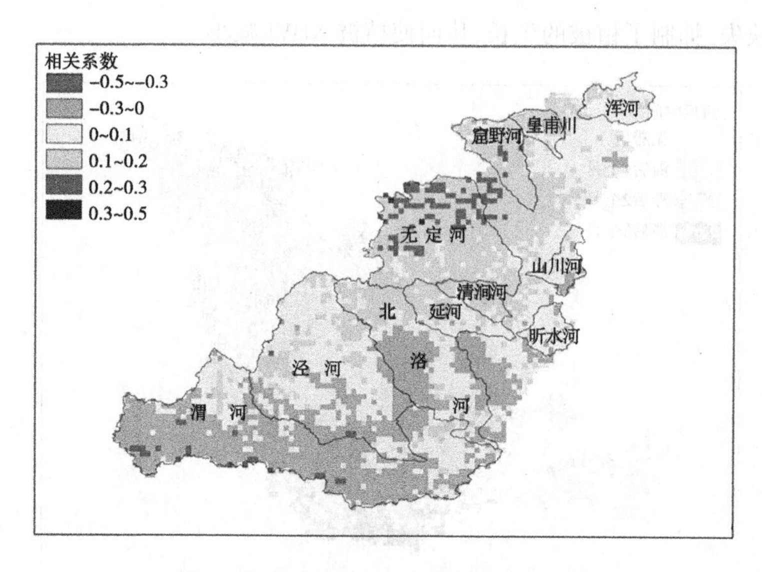

图 5-10　气温与 NDVI 相关系数空间分布

气温对植被 NDVI 的影响同样具有一定的时滞性(见图 5-11)。由图 5-11 可知,在河潼区间中北部地区 NDVI 滞后时间为 3 个月,无定河流域部分地区滞后时间为 2 个月,泾河、北洛河下游和渭河上中游流域 NDVI 无滞后时间,其中渭河下游部分区域 NDVI 滞后时间为 3 个月。整体来看,该研究区 NDVI 时滞为 3 个月时,与气温的相关性最大(r = 0.46)。

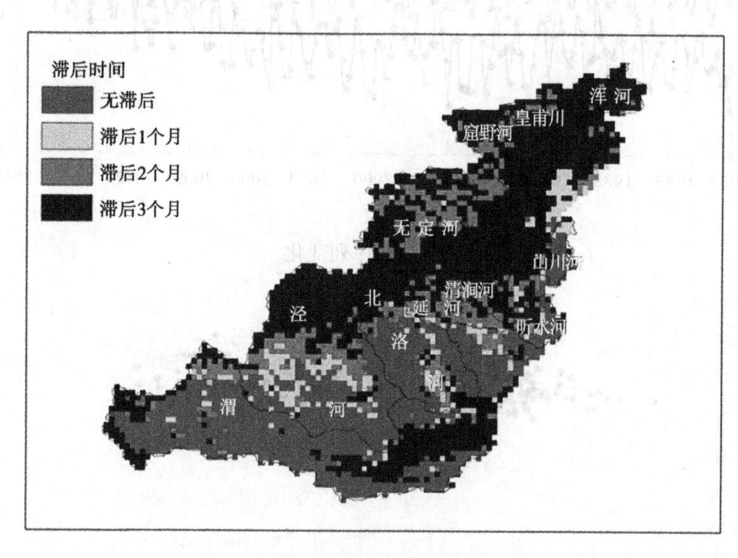

图 5-11　NDVI 与气温滞后时间空间分布

5.2 未来植被盖度发展趋势预测

5.2.1 典型区植被自然发展趋势

5.2.1.1 黄土高原梁峁丘陵区

根据黄土高原梁峁丘陵区长期监测点云雾山自然保护区21年的调查数据得知(见表5-3),密度呈指数增加,3个样方平均值由1998年的8.33个/m^2增加到2018年的31.33个/m^2;21年的密度平均值变化范围是17.90~19.14个/m^2。生物量逐渐增加,呈直线上升趋势,3个样方平均值由1998年的44.30 g/m^2增加到2018年的412.33 g/m^2,增加了近8.3倍;21年的生物量平均值变化在230.10~241.38 g/m^2。在退耕还林措施实施后,植被覆盖度迅速增加,由1998年的26.00%增加到2011年的93.00%;之后,植被覆盖度趋于稳定,变化在93.00%~96.00%,而21年的植被覆盖度平均值变化幅度是65.33%~75.19%。

5.2.1.2 黄土高原丘陵沟壑区

根据黄土高原丘陵沟壑区长期监测点安塞站21年的调查数据(见表5-4),密度呈指数增加,3个样方平均值由1998年的7个/m^2增加到2018年的33.33个/m^2,增加了3.76倍;21年的密度平均值变化范围是15.86~19.24个/m^2。生物量逐渐增加,呈直线上升趋势,3个样方平均值由1998年的55.33 g/m^2增加到2018年的329.00 g/m^2,增加了近4.95倍;21年的生物量平均值变化在202.33~212.81 g/m^2。在退耕还林措施实施后,植被覆盖度迅速增加,由1998年的24.00%增加到2016年的96.33%;之后,植被覆盖度趋于稳定,变化在93.00%~96.33%,而21年的植被覆盖度平均值变化幅度是55.81%~70.33%。

5.2.1.3 黄土高原风沙区

根据黄土高原风沙区长期监测点神木站21年的调查数据得知(见表5-5),密度呈指数增加,3个样方平均值由1998年的5个/m^2增加到2018年的23个/m^2,增加了3.6倍;21年的密度平均值变化范围是13.38~14.43个/m^2。生物量逐渐增加,呈直线上升趋势,3个样方平均值由1998年的44 g/m^2增加到2018年的270 g/m^2,增加了近5.14倍;21年的生物量平均值变化在108.57 g/m^2~150.24 g/m^2。在退耕还林措施实施后,植被覆盖度迅速增加,由1998年的10.67%增加到2018年的63%;而21年的植被覆盖度平均值变化幅度是30.33%~45.29%。

表 5-3　黄土高原梁峁丘陵区 21 年来密度、生物量和覆盖度变化特征

年份	密度/(个/m²)			平均值/(个/m²)	生物量/(g/m²)			平均值/(g/m²)	覆盖度/%			平均值/%
	样方 1	样方 2	样方 3		样方 1	样方 2	样方 3		样方 1	样方 2	样方 3	
1998	8	8	9	8.33	51	55.9	26	44.30	25	28	25	26
1999	7	9	9	8.33	55	58.9	56	56.63	26	24	26	25.33
2000	9	9	8	8.67	67	65	67	66.33	30	23	31	28
2001	9	10	10	9.67	68	66.7	58	64.23	35	56	33	41.33
2002	11	11	11	11	55	123	133	103.67	36	65	37	46
2003	12	11	12	11.67	132	122	134	129.33	39	68	47	51.33
2004	11	12	11	11.33	123	145	132	133.33	37	68	56	53.67
2005	11	12	12	11.67	134	156	134	141.33	38	52	55	48.33
2006	12	13	15	13.33	231	213	246	230	69	54	67	63.33
2007	13	15	16	14.67	223	221	255	233	68	87	68	74.33
2008	14	16	19	16.33	245	234	234	237.67	69	98	78	81.67
2009	21	18	23	20.67	354	321	244	306.33	79	94	88	87
2010	22	19	21	20.67	344	331	236	303.67	78	96	95	89.67
2011	23	22	22	22.33	356	334	324	338	83	98	98	93
2012	26	21	26	24.33	344	335	332	337	88	95	95	92.67
2013	31	24	26	27	376	365	324	355	94	95	98	95.67
2014	33	25	27	28.33	345	367	354	355.33	94	96	95	95
2015	34	27	29	30	402	378	356	378.67	96	96	96	96
2016	35	31	32	32.67	398	389	378	388.33	96	95	98	96.33
2017	29	30	33	30.67	355	366	388	369.67	97	95	95	95.67
2018	30	33	31	31.33	411	405	421	412.33	95	96	97	96
平均值	19.10	17.90	19.14		241.38	240.55	230.10		65.33	75.19	70.38	

表 5-4　黄土高原丘陵沟壑区 21 年来密度、生物量和覆盖度变化特征

年份	密度/(个/m²)			平均值/(个/m²)	生物量/(g/m²)			平均值/(g/m²)	覆盖度/%			平均值/%
	样方 1	样方 2	样方 3		样方 1	样方 2	样方 3		样方 1	样方 2	样方 3	
1998	5	8	8	7	45	56	65	55.33	25	23	24	24
1999	6	7	9	7.33	45	56	56	52.33	26	35	33	31.33
2000	7	9	11	9	46	67	54	55.67	30	34	36	33.33
2001	8	11	10	9.67	44	111	67	74	35	31	35	33.67
2002	9	11	10	10	56	123	66	81.67	36	30	57	41
2003	11	12	11	11.33	159	111	187	152.33	39	30	55	41.33
2004	12	13	12	12.33	156	123	246	175	37	33	65	45
2005	11	13	11	11.67	156	114	222	164	38	34	66	46
2006	12	16	15	14.33	222	122	232	192	55	35	68	52.67
2007	13	17	16	15.33	245	213	231	229.67	56	45	69	56.67
2008	11	19	19	16.33	234	223	234	230.33	54	55	78	62.33
2009	15	21	21	19	234	243	233	236.67	56	46	79	60.33
2010	16	22	22	20	256	235	245	245.33	56	55	78	63
2011	17	21	23	20.33	255	256	256	255.67	59	67	88	71.33
2012	21	23	27	23.67	267	311	268	282	62	55	89	68.67
2013	22	23	23	22.67	277	312	278	289	66	67	88	73.67
2014	23	23	23	23	287	315	288	296.67	76	68	89	77.67
2015	24	32	33	29.67	299	321	299	306.33	78	78	96	84
2016	25	31	32	29.33	321	321	298	313.33	96	97	96	96.33
2017	33	30	34	32.33	311	322	321	318	97	96	94	95.67
2018	32	34	34	33.33	334	330	323	329	95	90	94	93
平均值	15.86	18.86	19.24		202.33	204.05	212.81		55.81	52.57	70.33	

表 5-5　黄土高原丘陵沟壑区 21 年来密度、生物量和覆盖度变化特征

年份	密度/(个/m^2)			平均值/(个/m^2)	生物量/(g/m^2)			平均值/(个/m^2)	覆盖度/%			平均值/%
	样方 1	样方 2	样方 3		样方 1	样方 2	样方 3		样方 1	样方 2	样方 3	
1998	5	3	7	5	32	45	55	44	10	12	10	10.67
1999	6	5	6	5.67	34	56	54	48	11	14	11	12
2000	5	4	7	5.33	33	56	56	48.33	13	13	13	13
2001	6	4	7	5.67	45	57	65	55.67	15	15	22	17.33
2002	7	6	8	7	44	78	68	63.33	15	15	34	21.33
2003	10	10	11	10.33	56	79	78	71	23	18	33	24.67
2004	11	11	11	11	87	89	89	88.33	25	19	35	26.33
2005	11	11	10	10.67	89	112	112	104.33	25	19	38	27.33
2006	12	12	11	11.67	87	111	132	110	26	26	38	30
2007	12	13	11	12	88	123	124	111.67	27	27	39	31
2008	13	15	13	13.67	89	156	123	122.67	28	28	38	31.33
2009	14	16	14	14.67	108	157	145	136.67	32	32	55	39.67
2010	15	16	17	16	108	167	167	147.33	38	38	55	43.67
2011	17	17	18	17.33	123	189	178	163.33	44	34	56	44.67
2012	18	18	20	18.67	125	199	199	174.33	45	34	69	49.43
2013	17	18	21	18.67	136	213	212	187	46	46	67	53
2014	19	18	21	19.43	134	211	211	185.33	55	45	68	56
2015	18	20	21	19.67	143	234	234	203.67	69	45	69	61
2016	21	20	22	21	231	235	267	244.33	67	46	66	59.67
2017	22	22	23	22.33	234	237	298	256.33	67	55	68	63.33
2018	23	22	24	23	254	268	288	270	66	56	67	63
平均值	13.43	13.38	14.43		108.57	146.29	150.24		35.57	30.33	45.29	

群落的结构和外貌常以优势种、建群种及伴生种种类组成为特征。因此,优势种的更替可以作为划分群落演替阶段的标志。本研究发现,退耕地经过15年时间可演替到长芒草群落。受野外试验条件的限制,在8~15年间未能选到合适的样地,所以本研究结果还需要后续研究的验证。植被演替过程中的物种组成与群落演替的动态变化可以反映植被恢复过程中群落环境的变化和物种组成及其多样性对这种变化的响应过程。在野外植被调查中发现,达乌里胡枝子和草木樨状黄耆这两种豆科植物在植被演替中始终以重要的伴生物种出现,甚至还可以形成较大面积的单优群落,这主要是因为研究区土壤贫瘠,而豆科植物具有固氮、耐贫瘠的生物学特性。再加上这两种植物还具有喜光耐旱的特征,这也奠定了其在植被演替中具有重要地位的生理生态基础。此外,长芒草几乎贯穿演替的始终,从演替前期数量很少、盖度很小的偶见种发展到该地区稳定的草原群落,这从一定程度上说明,长芒草具有较宽的生态幅和较好的耐受性,可以占据广阔的地理范围和多样化的生境,属于生态位理论中的广幅种。

5.2.2 黄土高原主要产沙区植被盖度变化趋势

随着植被恢复措施的大力开展,产沙区的植被覆盖度显著增加,计算过去21年的增长速率,黄土高原梁峁丘陵区、黄土高原丘陵沟壑区和黄土高原风沙区平均增长速率分别为12.8%、13.7%和23.7%。基于植被盖度的现状,结合降水量和土壤、地形等限制因子,预测黄土高原梁峁丘陵区植被盖度可达73%~85%,黄土高原丘陵沟壑区植被盖度变化在63%~80%,黄土高原风沙区植被盖度可达37%~56%(见表5-1)。

5.3 本章小结

本章基于遥感影像植被解译成果,进行了GIMMS-MODIS时空特征对比分析,分析了月、季、年时间尺度上GIMMS NDVI数据与MODIS NDVI数据在黄河流域的适用性及NDVI数据对植被动态变化监测的准确性;对黄河流域时空变化特征进行分析,1982~2018年主要产沙区植被NDVI变化有所差异,河龙区间、北洛河上游、渭河上游、泾河上游和汾河上游植被在2006~2013年植被显著增长,其中河龙区间西北片的植被NDVI增长速度最快,到2016年,该区林草地的植被盖度已由20世纪70年代的20.0%增加到2016年的59.7%,区域林草覆盖率则由14.0%增加到48.8%;通过植被变化与降雨气温等自然因素相关性分析以及研究区社会经济调查发现,在20世纪90年代及其以前,降雨对林草植被的促生作用基本上被人类破坏所抵消,近十几年来,由于大量的农村人口进城务工,大幅减少了对土地的干扰和破坏,进而使降雨成为改善植被覆盖状况的关键因素。

第 6 章 研究区土地利用数据挖掘分析

基于黄河水沙数据仓库中的流域各期遥感解译数据,统计得到 1978 年、1998 年、2010 年、2016 年 4 期的各种土地利用类型的面积,对比 4 期的土地利用面积,得出各流域及易侵蚀区的土地利用面积随时间的动态变化特征及趋势,分析土地利用时空格局变化。

湟水流域:1978~2016 年土地利用总体趋势为耕地与未利用土地减少,林地、草地及城乡工矿居民用地增加,水域面积变化不大。湟水流域林地与草地所占面积较大(见表 6-1 和图 6-1)。近 40 年间,耕地与草地的变化较为明显,湟水流域耕地减少了 706.09 km^2,耕地所占比例减少了 2.16%,草地增加了 498.78 km^2,草地所占比例增加了 1.52%,而其他土地利用类型中,林地增加了 0.22%,水域增加了 0.01%,城乡工矿居民用地增加了 0.59%,未利用地减少了 0.17%。在目视解译过程中发现,湟水流域的土地利用变化主要发生在“浅山区”,而“脑山区”的土地利用变化不大,且植被的长势较好。

表 6-1 湟水流域土地利用面积统计

一级分类	1978 年		1998 年		2010 年		2016 年	
	合计/km^2	占比/%	合计/km^2	占比/%	合计/km^2	占比/%	合计/km^2	占比/%
1 耕地	5 197.22	15.88	5 033.94	15.38	4 785.03	14.62	4 491.13	13.72
2 林地	6 374.13	19.47	6 381.07	19.49	6 417.14	19.60	6 446.15	19.69
3 草地	16 684.62	50.97	16 835.77	51.40	17 029	52.02	17 183.40	52.49
4 水域	456.02	1.40	457.61	1.40	457.65	1.40	458.29	1.40
5 城乡工矿居民用地	500.62	1.53	513.32	1.57	540.75	1.65	692.47	2.12
6 未利用土地	3 520.15	10.75	3 521.04	10.76	3 505.46	10.71	3 462.26	10.58
累计	32 732.76	100.00	32 742.75	100.00	32 735.03	100.00	32 733.70	100.00

通过解译出的 4 期湟水流域土地利用可以看出,全流域 1978~1998 年的土地利用变化程度普遍较小,林地所占比例增加了 0.02%,草地增加了 0.45%,水域增加了 0.01%,城乡工矿居民用地增加了 0.04%,未利用地增加了 0.01%,耕地减少了 0.51%。这一方面是由于 1978 年的遥感影像质量较差,解译精度较低。另一方面,1978~1998 年青海省没有大的土地利用政策变化。而在 1998~2010 年,由于青海省退耕还林还草政策的实施,土地利用发生了较大的变化。其中,林地增加了 0.11%,草地增加了 0.6%,水域没有变化,城乡工矿居民用地增加了 0.08%,未利用土地减少了 0.04%,耕地减少了 0.75%。

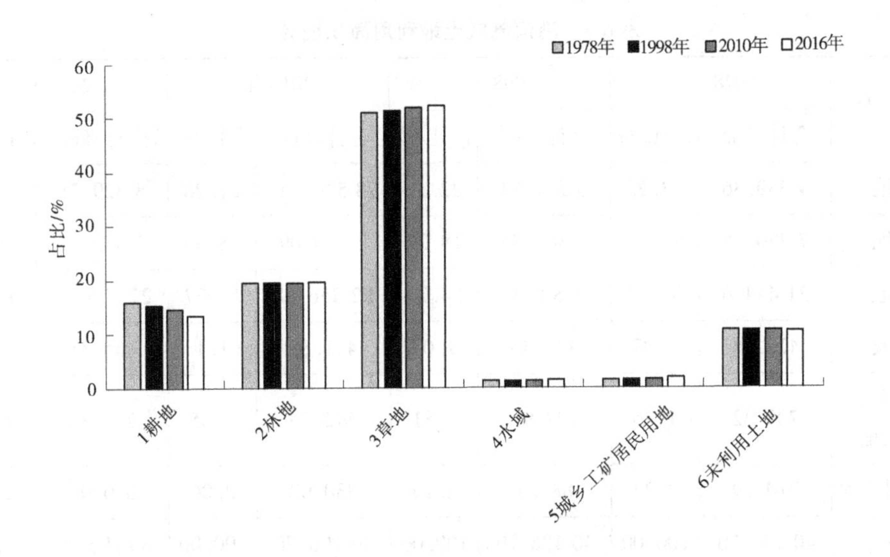

图 6-1 湟水流域土地利用面积统计

而随着青海省退耕还林还草政策的进一步推进以及经济社会的快速发展,湟水流域2010~2016年的土地利用的变化也较为显著,其中城乡工矿居民用地和耕地的变化较大,城乡工矿居民用地增加了0.47%,而耕地减少了0.90%,林地增加了0.09%,草地增加了0.47%,水域没有变化,未利用土地减少了0.13%。

湟水流域土石山区的面积为10 201.94 km²,占全流域面积的31.17%;易侵蚀区的总面积为20 231.93 km²,占全流域面积的61.81%;非易侵蚀区的面积为12 501.76 km²,占全流域面积的38.19%。

洮河流域:洮河流经甘南、定西、临夏等地,在临夏州永靖县境内的刘家峡水库大坝上游汇入黄河。总面积为40 196.70 km²,易侵蚀区总面积为27 529.8 km²。包含红旗—李家村区间、临洮以上、尧甸以上、王家磨以上、三甲集以上,其统计结果见表6-2和图6-2。

1978年洮河流域土地利用以草地为主,耕地次之,林地排第三位,2016年与1978一致。与1978年相比,洮河流域耕地面积减少了2.51%,林地面积基本上无变化,草地面积增加了2.58%,城乡工矿居民用地面积扩张了0.12%,未利用土地减少了0.21%。

1978~2000年,草地增加了0.43%,主要由耕地转化而来,其他类型变化率均小于0.1%,其中,城乡工矿居民用地面积增加了0.06%。2000~2010年,草地面积增加较大,增长比例为1.13%,耕地持续减少,减少了1.06%,未利用土地减少了0.13%。2010~2016年,草地面积增加了0.55%,耕地减少了0.54%,城乡工矿居民用地面积扩张了0.02%。总体上,近40年来,洮河流域土地利用耕地面积持续减少,草地面积持续增长,林地面积基本维持不变,城乡工矿居民用地面积呈扩张趋势。

表 6-2　洮河流域土地利用面积统计

一级分类	1978 年		1998 年		2010 年		2016 年	
	合计/km²	占比/%	合计/km²	占比/%	合计/km²	占比/%	合计/km²	占比/%
1 耕地	9 339.36	23.23	8 971.19	22.32	8 546.14	21.26	8 329.71	20.72
2 林地	7 370.18	18.34	7 385.86	18.37	7 379.09	18.36	7 372.26	18.34
3 草地	21 444.6	53.34	21 801.96	54.24	22 256.98	55.37	22 476.41	55.92
4 水域	428.45	1.07	428.36	1.07	441.88	1.1	435.81	1.09
5 城乡工矿居民用地	703.32	1.75	727.93	1.81	742.59	1.85	752.46	1.87
6 未利用土地	910.79	2.27	881.4	2.19	830.02	2.06	830.05	2.06
累计	40 196.70	100.00	40 196.70	100.00	40 196.70	100.00	40 196.70	100.00

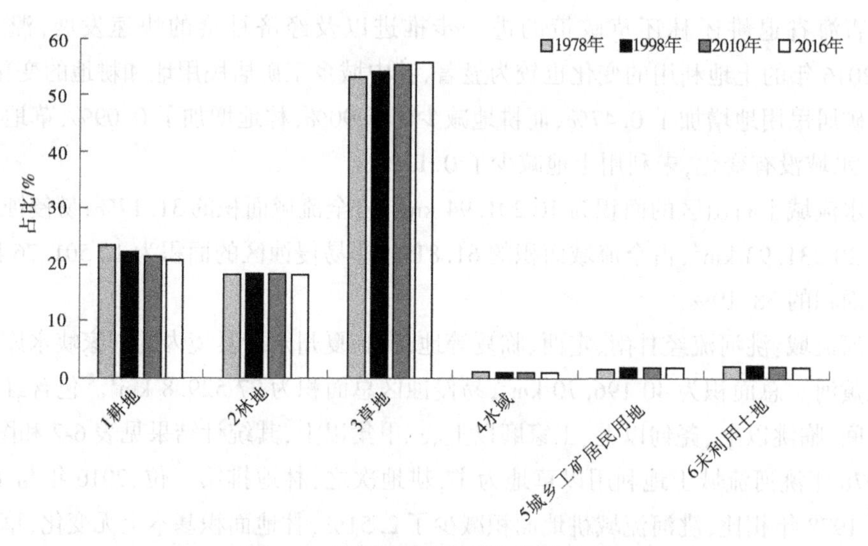

图 6-2　洮河流域土地利用面积统计

北洛河流域：该流域总面积 28 849.90 km²，非易侵蚀区面积 4 664.20 km²，易侵蚀区面积 24 185.70 km²，包含吴起以上、志丹以上、刘家河以上。北洛河大部分位于延安市境内（少部分位于渭南市、庆阳市、铜川市），在延安市退耕还林工程管理办公室官方网站上下载了延安市土地利用变化数据，该数据集中了 1999~2015 年延安所有县（市）每年的封山育林、荒山造林、退耕还林数据，数据具体到每个县，数据以年为单位。

北洛河流域 2010~2016 年林草面积变化大，但变化幅度较小，因为该地区高覆被草地的面积较大，所以整体波动较小。非易侵蚀区的地区土地利用变化较小，可以忽略不计。其统计结果如表 6-3 和图 6-3 所示。易侵蚀区总面积不变，山丘区内部存在互相转换，6 年间，耕地、草地、未利用土地减少，林地、城乡工矿居民用地增加，可见北洛河流域退耕还林还草、封山育林取得了较大的进步。该地区所有大于 25°坡度区的旱地均实现退耕。由于城市的发展,城乡工矿居民用地的面积增加,该地区有部分草地和林地实现了低覆被向中覆被、中覆被向高覆被的转变,植被覆盖度逐渐增多。

表 6-3　北洛河流域土地利用面积统计

一级分类	2010 年		2016 年	
	合计/km^2	占比/%	合计/km^2	占比/%
1 耕地	12 471.66	43.23	12 672.16	43.92
2 林地	7 796.85	27.02	7 786.01	26.99
3 草地	119.35	0.41	120.48	0.42
4 水域	492.76	1.71	513.33	1.78
5 城乡工矿居民用地	7.65	0.03	0	0
6 未利用土地	7 961.63	27.60	7 757.92	26.89
累计	28 849.90	100.00	28 849.90	100.00

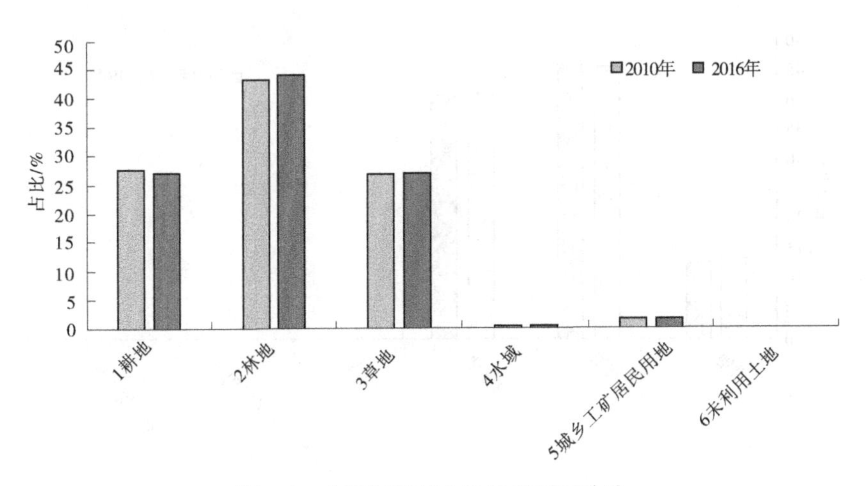

图 6-3　北洛河流域土地利用面积统计

云岩河流域:该流域总面积 1 785.30 km^2,包含临镇以上、新市河以上。云岩河位于延安市和宜川县内,在延安市退耕还林工程管理办公室官方网站上下载了延安市土地利用变化数据,该数据集中了 1999~2015 年延安所有县(市)每年的封山育林、荒山造林、退耕还林数据,数据具体到每个县,数据以年为单位,此数据作为此次土地利用的解译结果验证数据。其统计结果如表 6-4 和图 6-4 所示。该流域 2010~2016 年林草面积变化较小,变化幅度也较小。非易侵蚀区的地区有很小一部分平原区耕地变为建设用地,其他基本无变化。易侵蚀区总面积不变,山丘区内部存在地类互相转换,6 年间耕地、草地减少,林地和城乡工矿居民用地增加。与北洛河流域相比,该地区的变化都较小,主要是由于该流域面积小,仅为北洛河流域面积的 6%,所以可以发现该地区的变化比例与北洛河基本一致。云岩河流域退耕还林还草、封山育林和城市化仍有一定的进展。同其他流域一致，该地区有部分草地和林地实现了低覆被向中覆被转变、中覆被向高覆被的转变，植被覆盖度逐渐增多。

表 6-4　云岩河流域土地利用面积统计

一级分类	2010 年		2016 年	
	合计/km^2	占比/%	合计/km^2	占比/%
1 耕地	244.03	13.67	234.46	13.13
2 林地	807.77	45.25	815.43	45.67
3 草地	729.00	40.83	727.23	40.74
4 水域	1.60	0.09	1.60	0.09
5 城乡工矿居民用地	2.90	0.16	6.58	0.37
6 未利用土地	0	0	0	0
累计	1 785.30	100.00	1 785.30	100.00

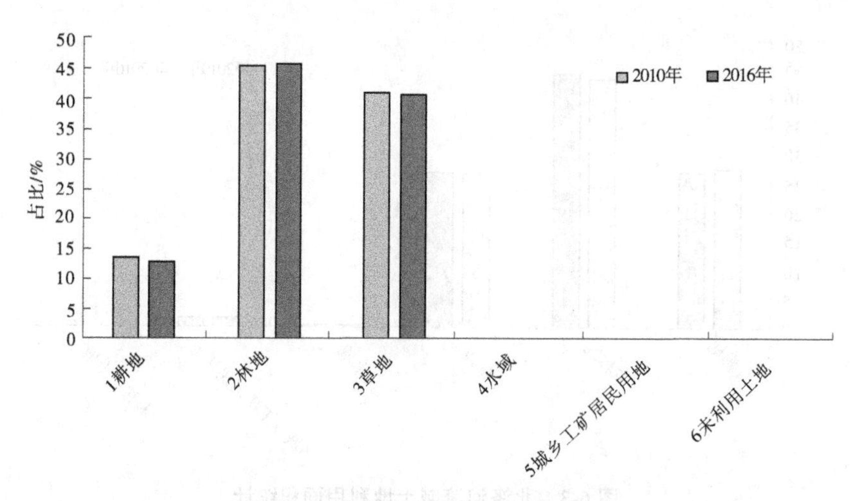

图 6-4　云岩河流域土地利用面积统计

仕望川流域：该流域总面积 2 356.30 km^2，非易侵蚀区面积 139.2 km^2，易侵蚀区面积 2 217.1 km^2，包含大村以上。仕望川流域土地利用面积统计结果如表 6-5 和图 6-5 所示。该流域 2010~2016 年林草面积变化较小，变化幅度也较小。非易侵蚀区的地区有很小一部分平原区耕地变为城乡工矿居民用地，其他基本无变化。易侵蚀区总面积不变，山丘区内部存在地类互相转换，6 年间，耕地、草地减少，林地增加，城乡工矿居民用地基本无增加。该地区的变化都较小，主要是由于该流域面积小，且该地区多为林地和草地，基本无可变化的区域。耕地较少，为了满足人们的生活需求，退耕较小。6 年间，仕望川流域退耕还林还草、封山育林仍在进行，但幅度较小。同其他流域一致，该地区有部分草地和林地实现了低覆被向中覆被、中覆被向高覆被的转变，植被覆盖度逐渐增多。

表 6-5　仕望川流域土地利用面积统计

一级分类	2010 年		2016 年	
	合计/km^2	占比/%	合计/km^2	占比/%
1 耕地	276.44	11.73	266.75	11.32
2 林地	1 106.89	46.98	1 119.31	47.51
3 草地	960.97	40.78	960.28	40.75
4 水域	0.60	0.03	0.75	0.03
5 城乡工矿居民用地	3.77	0.16	9.21	0.39
6 未利用土地	7.63	0.32	0	0
累计	2 356.30	100.00	2 356.30	100.00

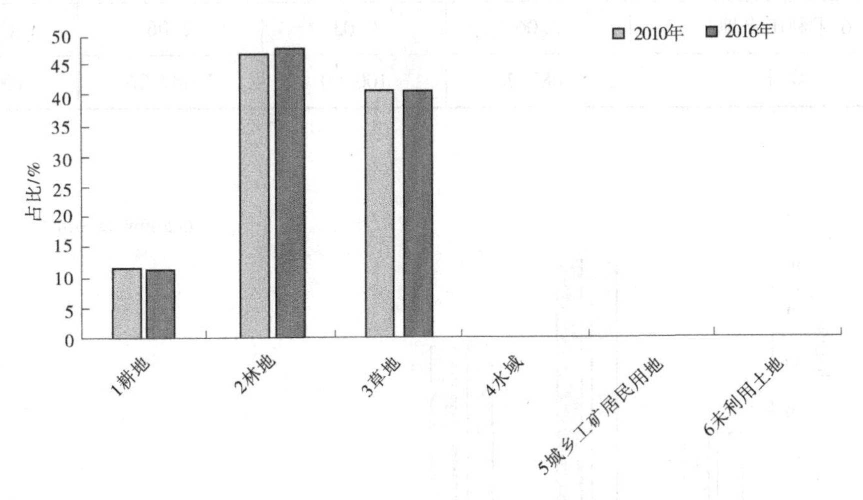

图 6-5　仕望川流域土地利用面积统计

延河流域：该流域总面积 7 687.26 km^2，包含延安以上、安塞以上、杏河以上、枣园以上、甘谷驿以上、甘谷驿以下。延河位于安塞区、延长县、延安市内，在延安市退耕还林工程管理办公室官方网站上下载了延安市土地利用变化数据，该数据集中了 1999～2015 年延安所有县(市)每年的封山育林、荒山造林、退耕还林数据，数据具体到每个县，数据以年为单位，此数据作为此次土地利用的解译结果验证数据。其统计结果如表 6-6 和图 6-6 所示。该流域 2010～2016 年林草比从 81.78%逐渐上升至 81.84%。变化面积较小，变化幅度也较小，但内部转换较为明显，幅度大。非易侵蚀区的地区有 15 km^2 平原区耕地变为建设用地，查阅资料发现，延安新区在延河流域境内，所以出现了建设用地大幅度的增加。易侵蚀区总面积不变，山丘区内部存在地类互相转换，6 年间耕地减少了 58.48 km^2，林地增加了 34.17 km^2，草地减少了 26.05 km^2，建设用地增加了 34.2 km^2，与非易侵蚀区一样,由于延安新区的建设,一大部分土地转换为建设用地。与其他流域相比,该地区总的变化率较小,主要是由于该流域的内部转换较大,但林草地转换为建设用地、草地变为林地之间的变化互相抵消。延河流域退耕还林还草、封山育林和城市化仍有一定的进展。同其他流域一致,该地区有部分草地和林地实现了低覆被向中覆被、中覆被向高覆被的转变,植被覆盖度逐渐增多。

表 6-6　延河流域土地利用面积统计

一级分类	2010 年		2016 年	
	合计/km²	占比/%	合计/km²	占比/%
1 耕地	1 218.75	15.85	1 160.27	15.09
2 林地	3 827.35	49.79	3 861.52	50.23
3 草地	2 577.62	33.53	2 551.58	33.19
4 水域	23.73	0.31	23.74	0.31
5 城乡工矿居民用地	37.74	0.49	88.09	1.15
6 未利用土地	2.06	0.03	2.06	0.03
累计	7 687.26	100.00	7 687.26	100.00

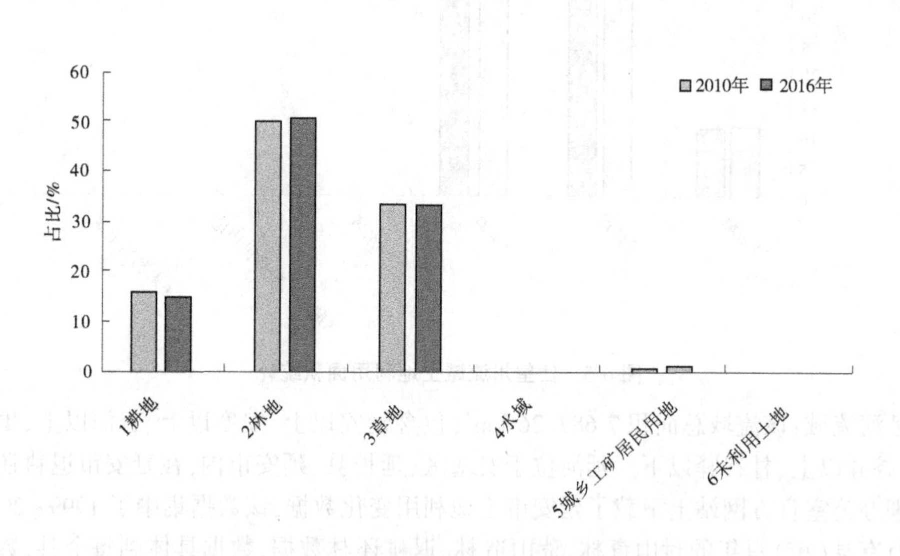

图 6-6　延河流域土地利用面积统计

无定河流域:该流域总面积 30 261.18 km²,非易侵蚀区面积 2 216.91 km²,易侵蚀区面积 28 044.27 km²,在靖边县绥德县等退耕还林工程管理办公室官方网站上下载了土地利用变化数据,该数据集中了 1999~2015 年延安所有县(市)每年的封山育林、荒山造林、退耕还林数据,数据以年为单位。此数据作为此次土地利用的解译结果验证数据。其统计结果如表 6-7 和图 6-7 所示。无定河流域 2010~2016 年,6 年间的土地利用变化具体变化如下：

无定河流域2010~2016年林草面积变化大，但变化幅度较小，因为该地区高覆被草地的面积较大，所以整体波动较小。非易侵蚀区的地区土地利用变化较小，基本上保持平衡。易侵蚀区总面积不变，内部存在互相转换，6年间，耕地、未利用土地减少，林地、草地、城乡工矿居民用地增加。从这些数据可以得知，无定河流域退耕还林还草、封山育林取得了较大进步，尤其是在无定河风沙区地带，由大片的未利用土地向草地转化，使周围的生态环境逐步好转。由于城市的发展，建设用地的面积逐渐向外围扩张。

表6-7　无定河流域土地利用面积统计

一级分类	2010年		2016年	
	合计/km²	占比/%	合计/km²	占比/%
1 耕地	7 342.36	24.26	6 786.43	22.42
2 林地	2 452.91	8.11	2 700.16	8.92
3 草地	14 176.99	46.85	15 998.01	52.87
4 水域	228.08	0.75	229.10	0.76
5 城乡工矿居民用地	209.49	0.69	271.53	0.90
6 未利用土地	5 851.35	19.34	4 275.95	14.13
累计	30 261.18	100.00	30 261.18	100.00

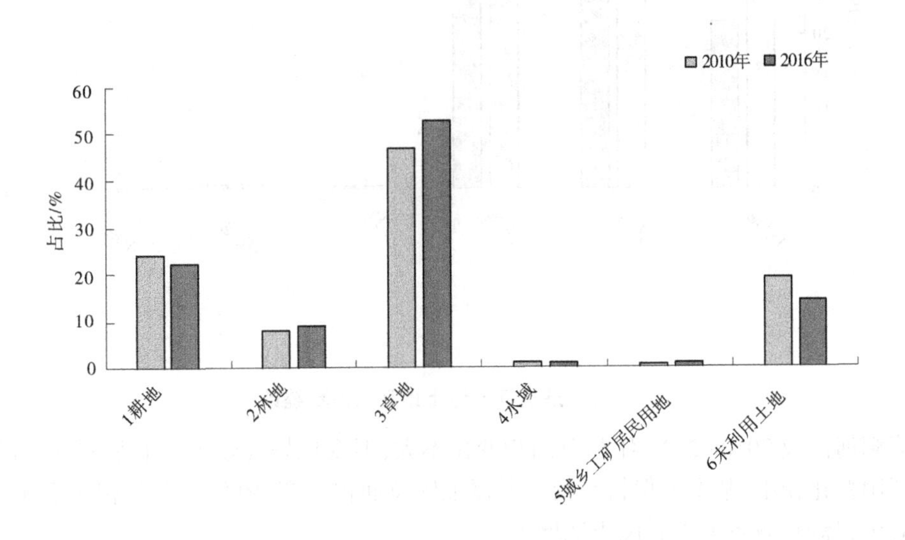

图6-7　无定河流域土地利用面积统计

清涧河流域：该流域总面积4 080.09 km²，非易侵蚀区面积67.70 km²，易侵蚀区面积4 012.39 km²，在子长市等退耕还林工程管理办公室官方网站上下载了土地利用变化数据，该数据集中了1999~2015年县（市）每年的封山育林、荒山造林、退耕还林数据，数据以年为单位。此数据作为此次土地利用的解译结果验证数据，其统计结果如表6-8和

图 6-8 所示。清涧河流域 2010~2016 的土地利用变化具体如下：

表 6-8　清涧河流域土地利用面积统计

一级分类	2010 年		2016 年	
	合计/km²	占比/%	合计/km²	占比/%
1 耕地	1 057.92	25.93	882.59	21.63
2 林地	1 533.19	37.58	1 712.00	41.96
3 草地	1 468.91	36.00	1 464.81	35.90
4 水域	3.35	0.08	3.35	0.08
5 城乡工矿居民用地	15.79	0.39	16.28	0.40
6 未利用土地	0.93	0.02	1.06	0.03
累计	4 080.09	100.00	4 080.09	100.00

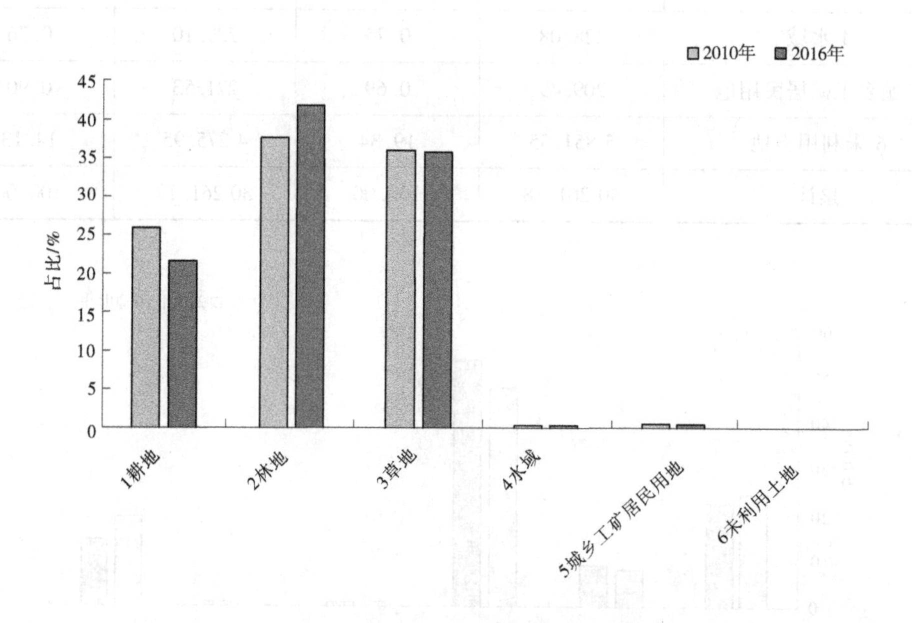

图 6-8　清涧河流域土地利用面积统计

清涧河流域 2010~2016 年林草面积变化不大，但变化幅度较大。非易侵蚀区的地区土地利用变化较小，基本上保持平衡。易侵蚀区总面积不变，内部存在互相转换，6 年间，耕地减少，林地、城乡工矿居民用地增加。

佳芦河流域：总面积 1 134.58 km²，非易侵蚀区面积 33.53 km²，易侵蚀区面积 1 101.05 km²，在退耕还林工程管理办公室官方网站上下载了土地利用变化数据，该数据集中了 1999~2015 年县(市)每年的封山育林、荒山造林、退耕还林数据，数据以年为单位。此数据作为此次土地利用的解译结果验证数据。其统计结果如表 6-9 和图 6-9 所示。佳芦河流域 2010~2016 年，6 年间的土地利用变化具体如下：

表 6-9　佳芦河流域土地利用面积统计

一级分类	2010 年		2016 年	
	合计/km²	占比/%	合计/km²	占比/%
1 耕地	486.84	42.91	426.99	37.63
2 林地	39.81	3.51	45.69	4.03
3 草地	581.01	51.21	632.17	55.72
4 水域	0.96	0.08	1.25	0.11
5 城乡工矿居民用地	2.53	0.22	6.58	0.58
6 未利用土地	23.43	2.07	21.90	1.93
累计	1 134.58	100.00	1 134.58	100.00

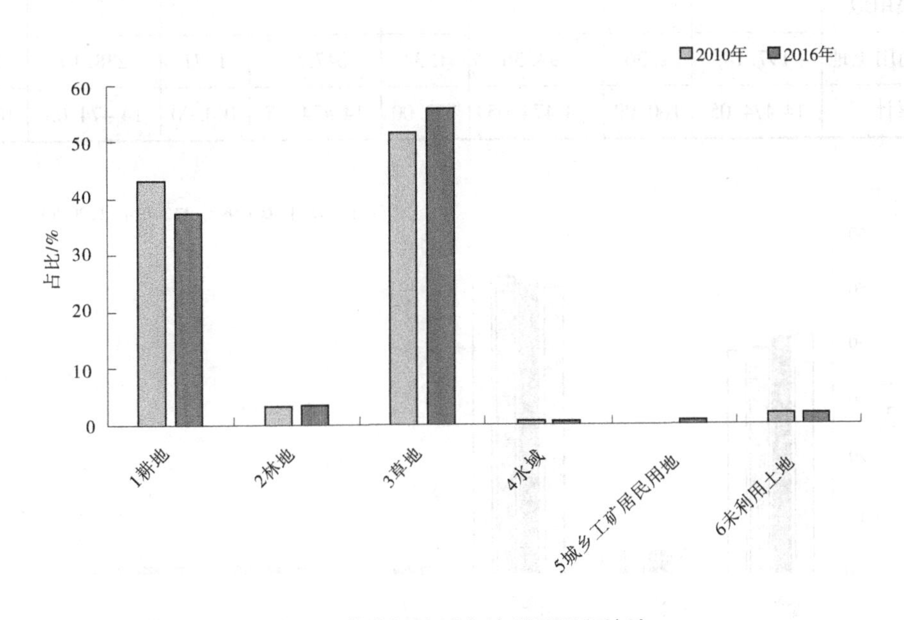

图 6-9　佳芦河流域土地利用面积统计

佳芦河流域 2010~2016 年林草面积变化小，但变化幅度较大，因为该面积较小，所以整体波动较小。非易侵蚀区的地区土地利用变化，基本上保持动态平衡。易侵蚀区总面积不变，内部存在互相转换，6 年间，耕地、未利用土地减少，林地、草地、城乡工矿居民用地增加。

清水河流域：总面积 14 474.05 km²，非易侵蚀区面积 2 786.87 km²，易侵蚀区面积 11 687.18 km²，在当地的退耕还林工程管理办公室官方网站上下载了土地利用变化数据，该数据集中了 1980~2000 年县（市）每年的封山育林、荒山造林、退耕还林数据，数据以年为单位。此数据作为此次土地利用的解译结果验证数据。其统计结果如表 6-10 和图 6-10 所示。清水河流域 1980~2016 年，6 年间的土地利用变化具体如下：

清水河流域2010~2016年非易侵蚀区的地区土地利用变化,基本上保持动态平衡。易侵蚀区总面积不变,内部存在互相转换,6年间,耕地、未利用土地减少,林地、草地、城乡工矿居民用地增加。

表6-10　清水河流域土地利用面积统计

一级分类	1978年		1998年		2010年		2016年	
	合计/km²	占比/%	合计/km²	占比/%	合计/km²	占比/%	合计/km²	占比/%
1 耕地	6 098.41	42.14	6 004.35	41.48	5 705.26	39.42	5 615.15	38.79
2 林地	566.38	3.91	576.46	3.98	603.75	4.17	604.59	4.18
3 草地	7 268.75	50.22	7 355.43	50.82	7 555.71	52.20	7 603.77	52.53
4 水域	165.25	1.14	162.72	1.13	164.05	1.13	165.65	1.14
5 城乡工矿居民用地	178.08	1.23	180.73	1.25	197.70	1.37	246.79	1.71
6 未利用土地	197.18	1.36	194.36	1.34	247.58	1.71	238.10	1.65
累计	14 474.05	100.00	14 474.05	100.00	14 474.05	100.00	14 474.05	100.00

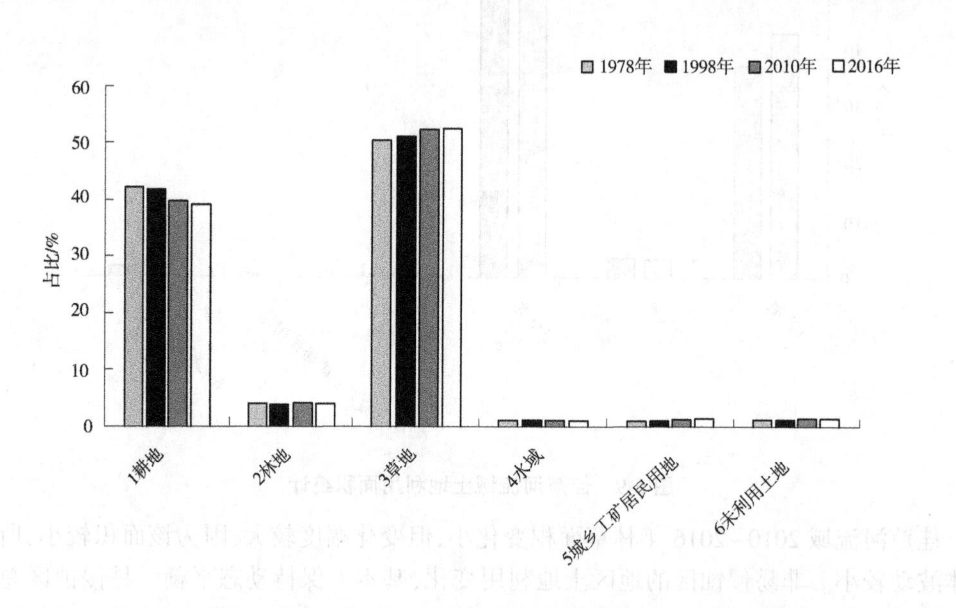

图6-10　清水河流域土地利用面积统计

渭河流域:该流域总面积59 543.00 km²,非易侵蚀区面积29 325.9 km²,易侵蚀区面积30 217.1 km²,2010~2016年的土地利用变化具体如表6-11和图6-11所示。2010~2016渭河流域的变化趋势为耕地、未利用土地减少,林草及城乡工矿居民用地增加。2010~2016年,耕地减少323.92 km²,变化0.55%;城乡工矿居民用地增加119.21 km²,变化0.2%;林地增加5.75 km²;草地增加194.09 km²,变化0.143%;未利用土地、水域面积变化不大。渭河流域林草总面积较大,在 1 2747 km² 以上。虽然从林草变化比例上 6 年间不足 1%,这是由于渭河流域面积太大,以至于林草面积实际增加了 199.84 km² 但变化仍不明显。

表 6-11 渭河流域土地利用面积统计

一级分类	2010 年		2016 年	
	合计/km²	占比/%	合计/km²	占比/%
1 耕地	26 745.37	44.92	26 421.45	44.37
2 林地	11 356.85	19.07	11 362.60	19.08
3 草地	17 904.17	30.07	18 098.26	30.40
4 水域	534.76	0.90	539.23	0.91
5 城乡工矿居民用地	2 887.43	4.85	3 006.64	5.05
6 未利用土地	114.42	0.19	114.82	0.19
累计	59 543.00	100.00	59 543.00	100.00

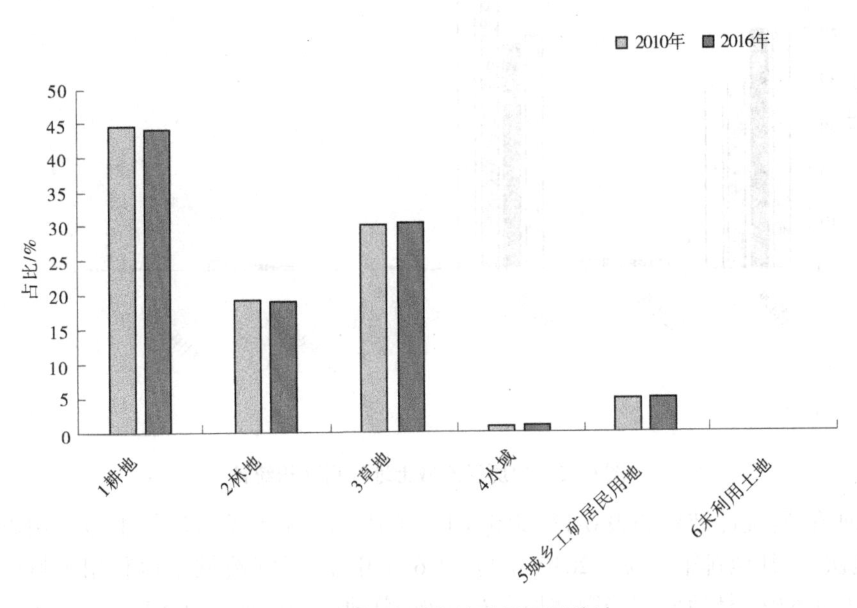

图 6-11 渭河流域土地利用面积统计

祖厉河:其统计结果如表 6-12 和图 6-12 所示。总体上从 1978~2016 祖厉河流域耕地、未利用土地减少,林地、草地、城乡工矿居民用地增加。受限于可获取的遥感影像的时间和空间分辨率,1978 年所对应的解译影像实际为 1992 年的数据。在此时期,林草比增幅较大的时间点为 2000~2010 年,这可能由于当地的退耕还林政策。

表 6-12　祖厉河流域土地利用面积统计

一级分类	1978 年		1998 年		2010 年		2016 年	
	合计/km²	占比/%	合计/km²	占比/%	合计/km²	占比/%	合计/km²	占比/%
1 耕地	5 158.14	48.33	5 316.01	49.81	4 190.21	39.26	4 067.71	38.11
2 林地	175.55	1.65	175.12	1.64	195.59	1.83	198.62	1.86
3 草地	5 207.73	48.79	5 027.59	47.11	6 091.76	57.08	6 188.35	57.98
4 水域	9.39	0.09	10.72	0.10	5.32	0.05	5.42	0.05
5 城乡工矿居民用地	101.57	0.95	126.23	1.18	170.89	1.60	193.67	1.82
6 未利用土地	20.38	0.19	17.09	0.16	18.99	0.18	18.99	0.18
累计	10 672.76	100.00	10 672.76	100.00	10 672.76	100.00	10 672.76	100.00

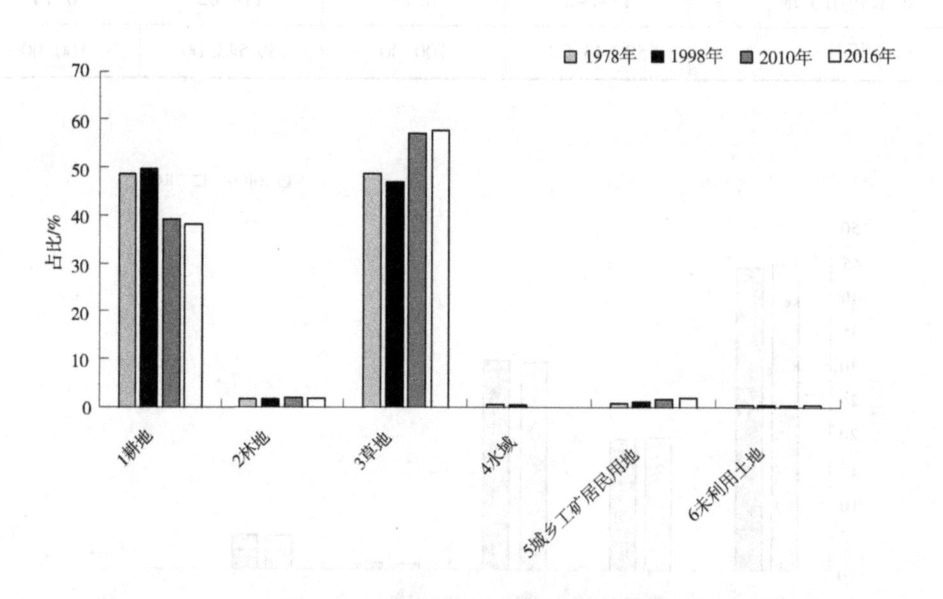

图 6-12　祖厉河流域土地利用面积统计

泾河流域:统计结果如表 6-13 和图 6-13 所示。1978 年泾河流域土地利用以耕地为主,草地次之,林地排第三位。2010 年与 2016 年相比,泾河流域土地利用中耕地所占面积减少了 0.63%,林地面积轻微增加了 0.03%,草地面积增加了 0.57%,城乡工矿居民用地面积扩张了 0.04%。总体上,6 年间,泾河流域土地利用耕地面积持续减少,草地面积持续增长,林地面积基本维持不变,城乡工矿居民用地面积呈扩张趋势。

表 6-13　泾河流域土地利用面积统计

一级分类	2010 年		2016 年	
	合计/km²	占比/%	合计/km²	占比/%
1 耕地	19 098.71	39.59	18 794.59	38.96
2 林地	9 790.70	20.29	9 803.93	20.32
3 草地	18 215.99	37.76	18 490.67	38.33
4 水域	174.15	0.36	174.76	0.36
5 城乡工矿居民用地	955.95	1.98	973.74	2.02
6 未利用土地	7.96	0.02	5.77	0.01
累计	48 243.46	100.00	48 243.46	100.00

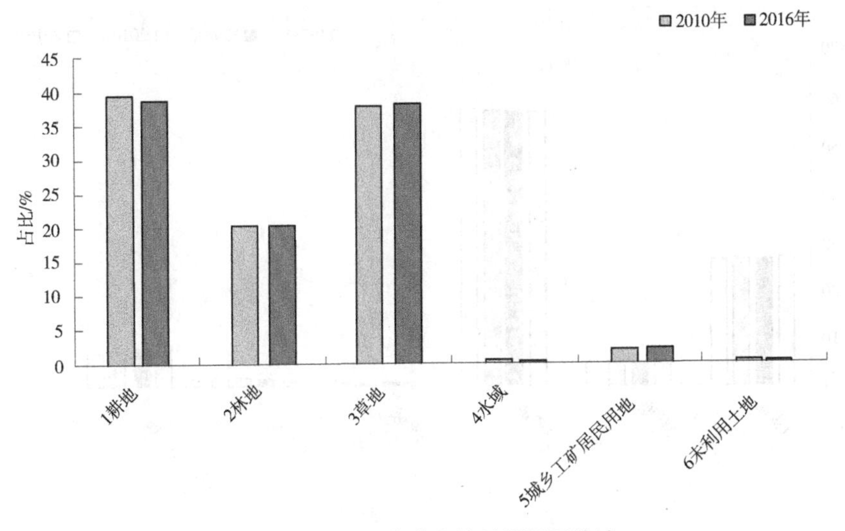

图 6-13　泾河流域土地利用面积统计

苦水河流域：统计结果如表 6-14 和图 6-14 所示。1978 年苦水河流域土地利用以草地为主，耕地次之，林地排第三位。1998 年与 1978 年相比，苦水河流域土地利用中未利用土地面积减少了 1.12%，耕地所占面积减少了 0.13%，林地面积增加了 0.44%，草地面积增加了 0.16%，城乡工矿居民用地面积扩张了 0.65%。1998～2010 年，未利用土地面积减少 0.24%，耕地面积又减少了 0.09%，林地面积略微增加，增长比例为 0.02%，草地面积持续增加为 0.29%，城乡工矿居民用地面积增加了 0.02%。2016 年较 2010 年，耕地面积减少了 0.38%，林地面积增加了 0.33%，草地面积增加了 0.28%，城乡工矿居民用地面积扩张了 0.25%。总体上，近 40 年间，苦水河流域土地利用耕地面积与未利用地面积持续减少，草地、林地面积持续增长，城乡工矿居民用地面积呈扩张趋势。

表 6-14　苦水河流域土地利用面积统计

一级分类	1978 年		1998 年		2010 年		2016 年	
	合计/km²	占比/%	合计/km²	占比/%	合计/km²	占比/%	合计/km²	占比/%
1 耕地	1 417.34	26.99	1 410.10	26.86	1 405.56	26.77	1 385.52	26.39
2 林地	252.84	4.82	276.56	5.26	277.44	5.28	294.80	5.61
3 草地	2 991.60	56.98	3 000.14	57.14	3 015.51	57.43	3 030.11	57.71
4 水域	35.05	0.67	35.10	0.67	35.10	0.67	37.05	0.71
5 城乡工矿居民用地	64.14	1.22	98.11	1.87	99.17	1.89	112.30	2.14
6 未利用土地	489.48	9.32	430.44	8.20	417.67	7.96	390.67	7.44
累计	5 250.45	100.00	5 250.45	100.00	5 250.45	100.00	5 250.45	100.00

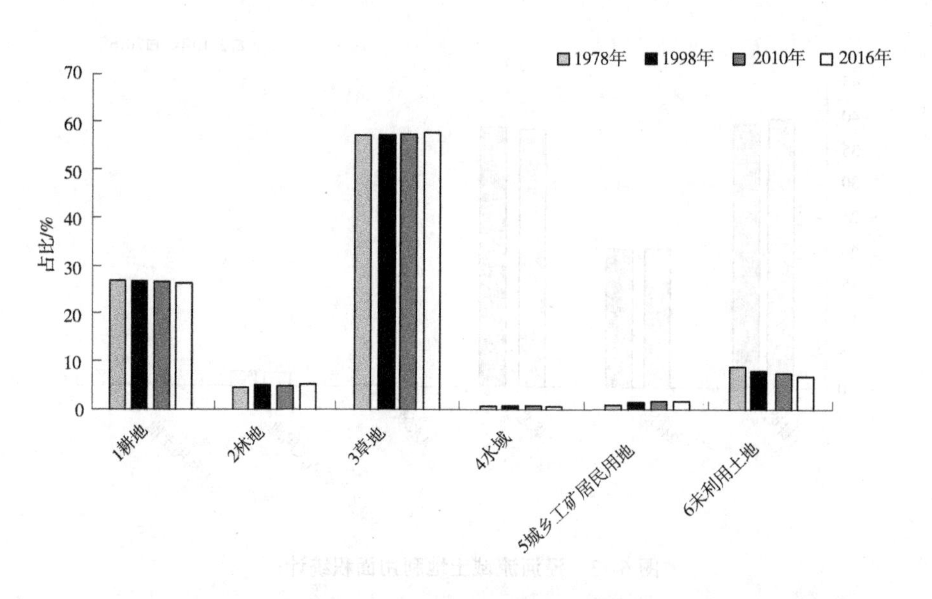

图 6-14　苦水河流域土地利用面积统计

十大孔兑:1978~2016 年,林地、草地、城乡工矿居民用地均为增加的趋势,耕地与未利用土地呈现减少的趋势,而水域 4 时期基本保持平稳趋势。十大孔兑地区由于地域的特点,其未利用地以沙漠荒地为主,故而,其林草比、植被覆盖度是其关注的焦点,统计结果如表 6-15 和图 6-15 所示。这期间的林草面积增加。林草面积增加,主要是由耕地和未利用土地的减少来增补的。山丘区耕地基本退耕,山丘区未利用土地占总面积减少。通过目视解译 4 时期十大孔兑表明,1978~1998 年的土地利用变化程度不大,总趋势为山丘区耕地、未利用土地减少,林地、草地、山丘区建设用地增加。2010~2016 年的变化由于政策驱动,总趋势为耕地、未利用土地减少,林地、草地、山丘区建设用地增加。而城市建设用地在 1978~1998 年间变化最大。

表 6-15　十大孔兑土地利用面积统计

一级分类	1978 年		1998 年		2010 年		2016 年	
	合计/km^2	占比/%	合计/km^2	占比/%	合计/km^2	占比/%	合计/km^2	占比/%
1 耕地	1 931.12	18.17	1 822.92	17.15	1 667.38	15.69	1 589.22	14.95
2 林地	168.62	1.59	191.26	1.80	201.09	1.89	212.13	2.01
3 草地	4 659.28	43.84	5 161.05	48.56	5 496.56	51.72	5 579.99	52.50
4 水域	530.58	4.99	528.54	4.97	508.30	4.78	506.25	4.76
5 城乡工矿居民用地	274.76	2.59	354.43	3.34	392.10	3.69	405.89	3.82
6 未利用土地	3 063.18	28.82	2 569.34	24.18	2 362.11	22.23	2 334.06	21.96
累计	10 627.54	100.00	10 627.54	100.00	10 627.54	100.00	10 627.54	100.00

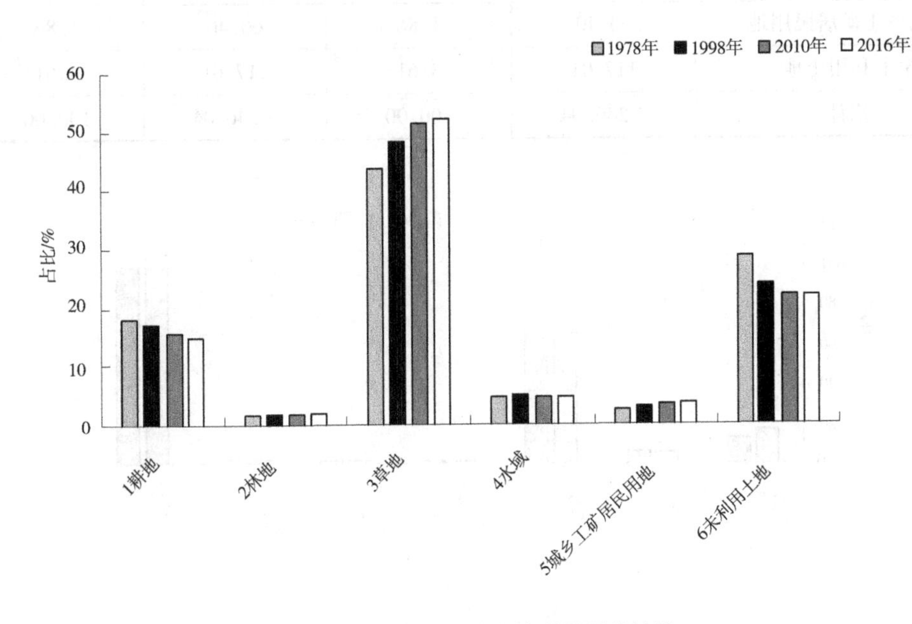

图 6-15　十大孔兑土地利用面积统计

皇甫川流域:十大孔兑设置 5 个观测站点检测,这 5 个站点为毛不拉黄丘区、西柳沟黄丘区、罕台川黄丘区、罕台川河道以西和罕台川河道以东。毛不拉黄丘区 4 个时期变化可以发现山丘区耕地未变,林地增加了 1.69%,草地增加了 3.02%,未利用土地减少了 5.03%,山丘区建设用地增加了 0.32%。西柳沟黄丘区 4 个时期变化可以发现山丘区耕地减少了 5.02%,林地增加了 0.69%,草地增加了 7.67%,未利用土地减少 4.48%,山丘区建设用地增加了 1.15%。罕台川黄丘区 4 个时期变化可以发现山丘区耕地减少了 11.76%,林地增加了 0.63%,草地增加了 9.87%,未利用土地减少了 0.16%,山丘区建设用地增加了 1.41%。这些监测点由于面积太小,大致能符合总体变化规律,但代表性可能不足。

皇甫川流域2010~2016年，土地利用变化较缓，其统计结果如表6-16和图6-16所示。总体变化为耕地减少，林地不变，草地增加，山丘区未利用土地增加，山丘区建设用地增加。2016年皇甫川流域林草地加未利用土地面积相较于2010年增加。该流域的易侵蚀区较大，面积为2 858.36 km^2，占总面积的88.06%，而非易侵蚀区仅占11.94%。皇甫川流域可以视为侵蚀研究中的典型区域，该流域的土地利用变化是以退耕为驱动的变化。

表6-16　皇甫川流域2010~2016土地利用分类类型统计

一级分类	2010年		2016年	
	合计/km^2	占比/%	合计/km^2	占比/%
1 耕地	601.41	18.53	453.16	13.96
2 林地	236.06	7.27	236.06	7.27
3 草地	2 161.08	66.58	2 309.33	71.14
4 水域	70.08	2.16	70.08	2.16
5 城乡工矿居民用地	60.40	1.86	60.40	1.86
6 未利用土地	117.01	3.61	117.01	3.61
累计	3 246.04	100.00	3 246.04	100.00

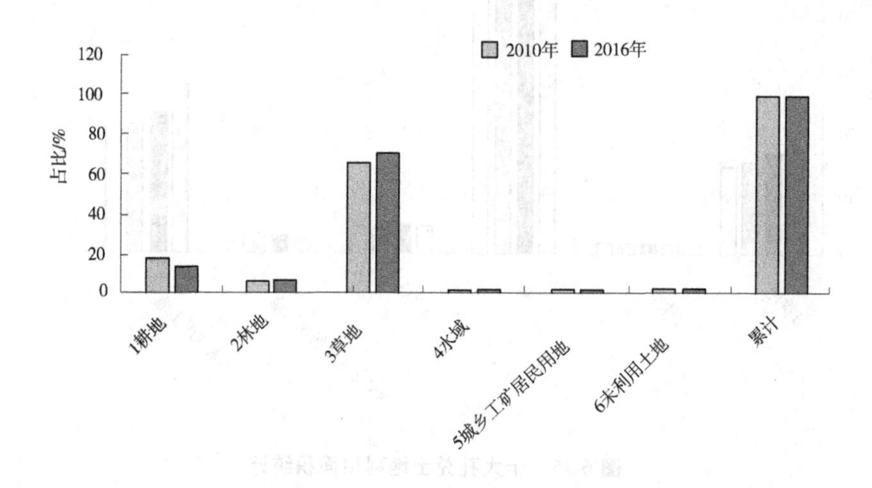

图6-16　皇甫川流域土地利用面积统计

清水川流域：统计结果如表6-17和图6-17所示。在2010~2016年变化幅度略大，耕地减少了7.19%，以退耕的政策性驱动。变化趋势增加中幅度最大的是草地，增加了6.51%；林地增加变化最小，增加了0.13%。未利用土地基本上没有变化。清水川流域的易侵蚀区面积831.92 km^2，占全流域面积的94.31%。由此可见，清水川流域易发生水土流失的问题，是退耕还林重点地区。

表 6-17　清水川流域土地利用面积统计

一级分类	2010 年		2016 年	
	合计/km^2	占比/%	合计/km^2	占比/%
1 耕地	235.59	26.71	172.18	19.52
2 林地	80.35	9.11	81.50	9.24
3 草地	544.89	61.77	602.26	68.28
4 水域	14.69	1.66	14.67	1.66
5 城乡工矿居民用地	6.51	0.74	11.42	1.29
6 未利用土地	0.07	0.01	0.07	0.01
累计	882.10	100.00	882.10	100.00

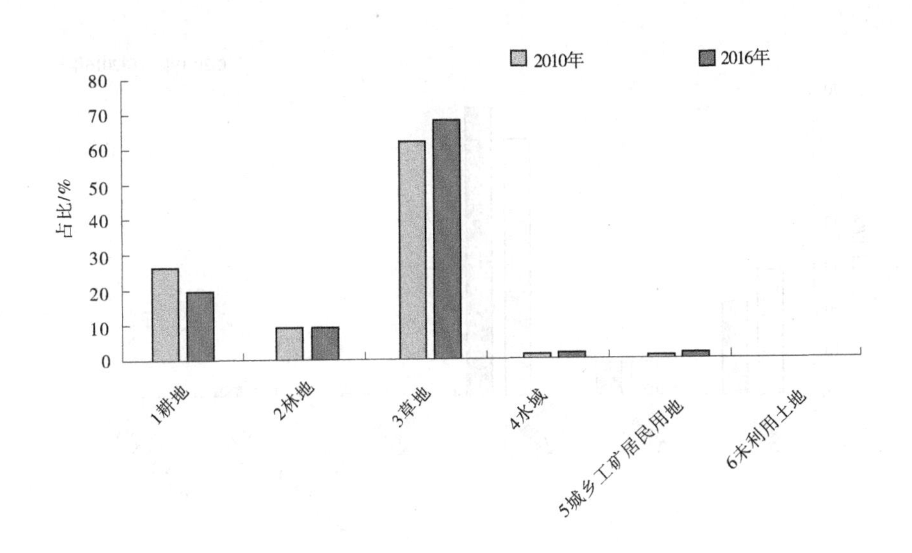

图 6-17　清水川流域土地利用面积统计

孤山川流域:统计结果如表 6-18 和图 6-18 所示。2010~2016 年的土地利用类型变化明显,从解译后的土地利用类型可见,该流域的耕地同 2010 年相比减少了 6.89%,林地变化幅度最小,增加 0.03%,草地变化幅度最大,增加了 6.8%,而未利用土地减少了 0.01%,城乡工矿居民用地增加了 0.41%。从易侵蚀区的面积来看,孤山川流域的易侵蚀区面积为 1 203.71 km^2,占全流域总面积的 94.55%。可见,其林草比变化亦是关注重点,林草面积从 2010 年的 848.12 km 增加到 2016 年的 934.97 km,增加了 86.85 km^2,林草比变化了 7.21%。该流域林草向好发展。

表 6-18　孤山川流域土地利用面积统计

一级分类	2010 年		2016 年	
	合计/km²	占比/%	合计/km²	占比/%
1 耕地	361.51	28.93	217.86	21.34
2 林地	104.81	8.23	102.44	8.04
3 草地	759.01	59.38	848.91	66.64
4 水域	12.97	1.02	12.87	1.01
5 城乡工矿居民用地	25.86	2.03	35.23	2.77
6 未利用土地	1.68	0.13	1.54	0.12
累计	2 373.84	100.00	1 272.84	100.00

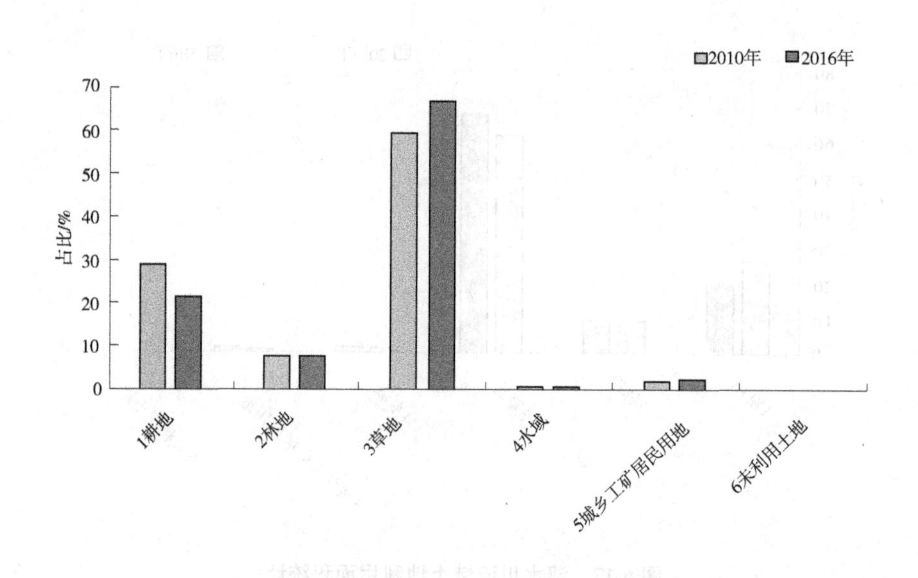

图 6-18　孤山川流域土地利用面积统计

浑河流域：统计结果如表 6-19 和图 6-19 所示。退耕程度较大，2010~2016 年，耕地减少了 17.49%。未利用土地减少 0.07%，城乡工矿居民用地基本持平。草地变化幅度最大，增加 17.98%，林地次之，比 2010 年减少了 0.51%。基本上可以看出，退耕还草的政策性驱动结果较好。浑河流域的易侵蚀区面积占总面积的 60.13%，说明该区域易发生水土流失。林草面积占全流域面积之比变化幅度较大，为 57.83%~75.3%。由此可见，整个流域林草恢复情况发展趋势良好。

表 6-19　浑河流域土地利用面积统计

一级分类	2010 年		2016 年	
	合计/km²	占比/%	合计/km²	占比/%
1 耕地	2 054. 80	36. 88	1 080. 45	19. 39
2 林地	1 107. 37	19. 88	1 079. 33	19. 37
3 草地	2 114. 32	37. 95	3 115. 97	55. 93
4 水域	79. 10	1. 42	78. 57	1. 41
5 城乡工矿居民用地	191. 86	3. 44	197. 05	3. 54
6 未利用土地	24. 09	0. 43	20. 17	0. 36
累计	5 571. 54	100. 00	5 571. 54	100. 00

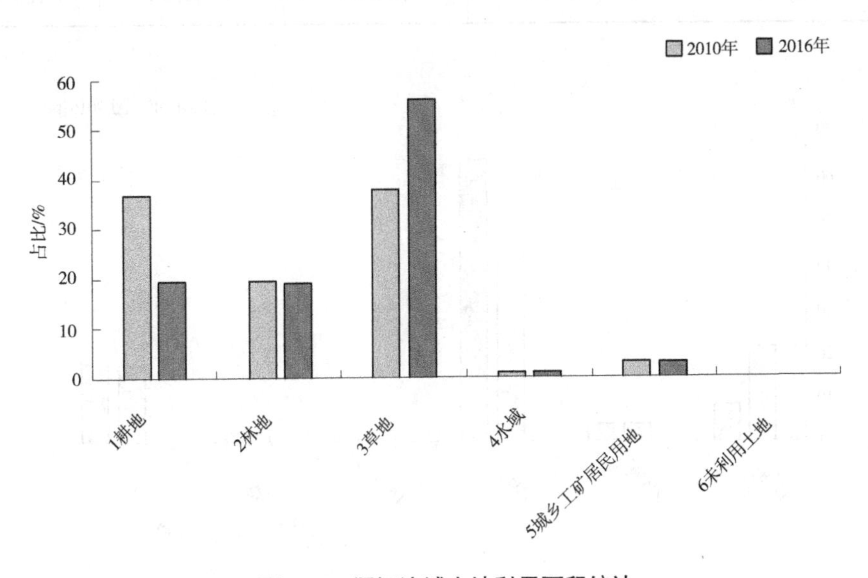

图 6-19　浑河流域土地利用面积统计

秃尾河流域:统计结果如表 6-20 和图 6-20 所示。耕地在 2010~2016 年中变化程度较大,在 7 年中减少了 13. 86%,林地、未利用土地和城乡工矿居民用地均发生较小的变化。草地在 7 年中有增加之趋势,增加了 13. 86%,由此可见该流域整体是以耕地退耕,草地为主。这是由于该流域的易侵蚀区太大,为 3 017. 88 km^2,占全流域面积的 92. 68%。林草比增加可以有效地减缓水土流失的问题,7 年间林草比增加了 13. 49%。

表 6-20 秃尾河流域土地面积统计

一级分类	2010 年		2016 年	
	合计/km²	占比/%	合计/km²	占比/%
1 耕地	758.46	21.92	306.05	8.85
2 林地	143.98	4.16	143.98	4.16
3 草地	1 853.93	53.58	2 257.04	65.23
4 水域	24.72	0.72	24.72	0.71
5 城乡工矿居民用地	60.91	1.76	92.71	2.68
6 未利用土地	617.95	17.86	635.45	18.37
累计	3 459.95	100.00	3 459.95	100.00

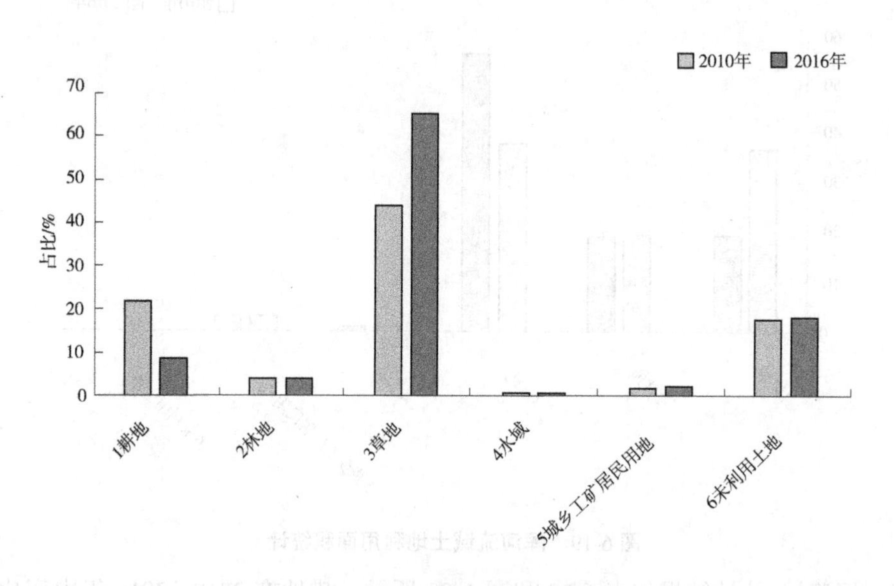

图 6-20 秃尾河流域土地面积统计

窟野河流域：统计结果如表 6-21 和图 6-21 所示。耕地在 2010～2016 年变化幅度较小，7 年中减少了 7.02%，林地基本保持不变，草地增加了 7.02%，未利用土地基本保持不变，城乡工矿居民用地减少了 0.28%。该区域的易侵蚀区面积 8 032.19 km²，占整个流域面积的 92.26%，所占比重比较大，属于水土流失重点区域。林草比的变化能很好地反映水土流失情况是否好转。林草比 2010～2016 年呈增加趋势。土地利用类型主要为耕地退耕为草地。

表6-21 窟野河流域土地利用面积统计

一级分类	2010年		2016年	
	合计/km²	占比/%	合计/km²	占比/%
1 耕地	1 351.10	15.52	740.00	8.50
2 林地	561.65	6.45	561.67	6.45
3 草地	5 726.43	65.77	6 337.47	72.79
4 水域	161.43	1.85	185.47	2.13
5 城乡工矿居民用地	471.64	5.42	447.62	5.14
6 未利用土地	434.30	4.99	434.32	4.99
累计	8 706.55	100.00	8 706.55	100.00

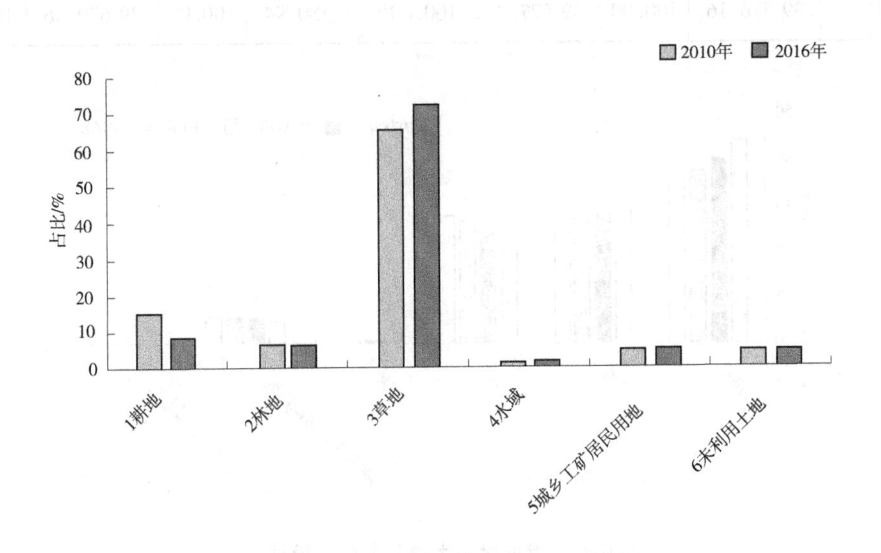

图6-21 窟野河流域土地利用面积统计

汾河流域:统计结果如表6-22和图6-22所示。1978年汾河流域土地利用以耕地为主,林地次之,草地排第三位。1998年与1978年相比,汾河流域土地利用中耕地所占面积减少了4.05%,林地面积轻微减少了0.49%,草地面积增加了4.02%,城乡工矿居民用地面积扩张了0.52%。1998~2010年,耕地面积又减少了2.47%;林地面积略微增加,增长比例为0.16%;草地面积持续增加,增长比例为2.22%;城乡工矿居民用地面积增加了0.010%。2016年较2010年,耕地面积减少了1.58%,林地面积增加了0.02%,草地面积增加了1.25%,城乡工矿居民用地面积扩张了0.31%。总体上,40年间,汾河流域土地利用耕地面积持续减少,草地面积持续增长,林地面积基本维持不变,城乡工矿居民用地面积呈扩张趋势。

表 6-22　汾河流域土地利用面积统计

一级分类	1978 年		1998 年		2010 年		2016 年	
	合计/km²	占比/%	合计/km²	占比/%	合计/km²	占比/%	合计/km²	占比/%
1 耕地	17 561.13	44.37	15 957.23	40.32	14 981.75	37.85	14 390.83	36.27
2 林地	11 523.82	29.12	11 331.41	28.63	11 395.10	28.79	11 433.23	28.81
3 草地	8 082.57	20.42	9 673.66	24.44	10 552.13	26.66	11 073.74	27.91
4 水域	337.03	0.85	338.98	0.86	338.92	0.86	337.79	0.85
5 城乡工矿居民用地	2 068.29	5.23	2 273.31	5.74	2 309.77	5.84	2 440.42	6.15
6 未利用土地	3.32	0.01	3.32	0.01	3.27	0.01	3.45	0.01
累计	39 576.16	100.00	39 577.91	100.00	39 580.94	100.00	39 679.46	100.00

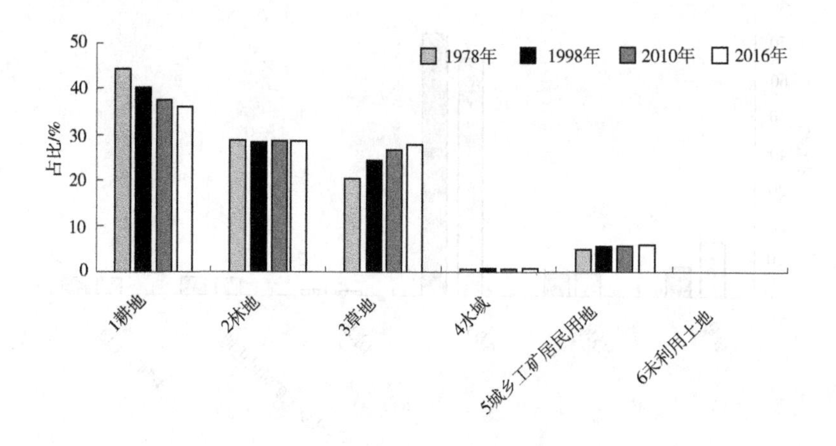

图 6-22　汾河流域土地利用面积统计

第 7 章　研究区梯田数据挖掘分析

结合数据仓库关于黄河主要产沙区梯田数据的主题服务,分析现状年(2017 年)梯田的规模、质量、空间分布格局和利用情况。在此基础上,结合国家和地方关于梯田建设的规划需求,预测 2020 年和远景梯田面积发展趋势。

7.1　梯田现状分析

7.1.1　梯田规模及空间分布

科学地描述梯田规模,需利用梯田比的概念,它是指某地区水平梯田面积占其轻度以上水土流失面积的比例,计算公式为

$$T_i = 100 \times \frac{A_t}{A_{er}} \tag{7-1}$$

式中:T_i 为梯田比(%);A_t 为水平梯田的面积,km^2;A_{er} 是相应地区天然时期轻度以上水土流失的面积。

采用 2016 年土地利用数据进行裁剪提取得到解译范围的分县(区)易侵蚀面积,进而得到 2017 年解译范围内分县(区)梯田分布现状。2017 年解译范围内分县(区)梯田比如表 7-1 所示。

表 7-1　现状年(2017 年)梯田规模及分布

县(区)	2017 年梯田面积/km^2	易侵蚀区面积/km^2	梯田比/%
安定区	15.16	31.75	47.75
甘谷县	569.35	1 426.95	39.90
会宁县	211.92	465.15	45.56
静宁县	981.07	1 973.81	49.70
临洮县	69.28	137.78	50.28
隆德县	1.15	1.84	62.41
陇西县	925.93	2 208.69	41.92
麦积区	367.37	1 118.82	32.84
岷县	179.36	1 141.48	15.73
秦安县	560.66	1 497.01	37.45

续表 7-1

县(区)	2017 年梯田面积/km^2	易侵蚀区面积/km^2	梯田比/%
秦州区	257.99	939.83	27.45
清水县	680.16	1 520.56	44.73
通渭县	1 289.35	2 756.66	46.78
渭源县	336.95	1 149.26	29.42
武山县	600.18	1 853.87	32.37
西吉县	0.86	2.24	38.24
张家川回族自治县	362.27	908.76	39.86
漳县	341.40	2 082.12	16.40
庄浪县	671.12	1 389.33	48.29

按流域统计黄河流域主要支流梯田面积，黄河流域梯田主要分布在渭河、泾河流域，共 17 985 km^2，占黄河流域梯田总量的 57.63%，渭河流域梯田分布最多，面积 10 073.88 km^2，占黄河流域梯田总量的 32.28%；河龙区间皇甫川、窟野河等支流梯田分布较少，仅占黄河流域梯田总量的 10%，见表 7-2。

表 7-2　黄河流域主要支流梯田规模　　单位：km^2

序号	主要支流	支流面积	梯田面积
1	湟水	32 949.91	2 187.17
2	洮河	25 624.46	1 954.71
3	祖厉河	10 702.71	1 916.44
4	清水河	14 496.81	855.49
5	苦水河	4 968.23	48.84
6	皇甫川	3 239.84	23.41
7	窟野河	8 750.72	51.22
8	清水川	883.55	27.60
9	孤山川	1 276.93	37.40
10	秃尾河	3 279.24	36.94
11	佳芦河	1 132.42	74.03
12	无定河	30 133.00	771.89
13	延河	7 687.22	382.57

续表7-2

序号	主要支流	支流面积	梯田面积
14	清涧河	4 084.11	125.22
15	云岩河	1 785.46	130.33
16	仕望川	2 356.48	130.51
17	偏关河	2 065.19	205.78
18	县川河	1 580.95	208.73
19	杨家川	1 058.25	213.56
20	朱家川	2 917.66	289.37
21	岚漪河	2 189.10	136.47
22	蔚汾河	1 480.35	76.66
23	湫水河	1 990.00	261.63
24	三川河	4 163.94	332.00
25	昕水河	4 343.55	231.56
26	屈产河	1 221.95	91.97
27	泾河	45 647.95	7 911.12
28	北洛河	26 932.62	812.16
29	渭河	58 688.92	10 073.88
30	汾河	39 603.22	1 178.80
31	伊洛河	18 760.42	427.91
合计		365 995.16	31 205.37

7.1.2 梯田质量及空间分布

梯田质量直接影响其减水减沙作用及农耕生产水平。影响梯田质量的指标主要有田埂完好度、田面平整度、田面宽等。田宽5 m以上的梯田称为Ⅰ级梯田；田埂部分完好、田面坡度小于2°的称为Ⅱ级梯田；无埂且田面坡度为2°~5°的称为Ⅲ级梯田。

参考2007年“黄河上中游水土保持措施效益与评价项目”中梯田措施质量等级调查结果，并经本研究项目大范围实地调查与核实，黄土高原地区梯田以Ⅰ级为主，约占48.53%，主要分布在渭河、泾河、祖厉河流域；Ⅱ级梯田约占34.64%，主要分布在泾河、渭河流域；Ⅲ级梯田约占16.83%，主要分布在河龙区间，其中皇甫川、清水川、浑河、杨家川、岚漪河和窟野河上中游等北部支流流域几乎没有像样的梯田，即使河龙区间梯田规模较大的临县、偏关、兴县、佳县、米脂、绥德和子洲等县，梯田田面宽一般只有4~6 m，田块面积小，田面不平整，道路不配套，且坡式梯田占一半以上。梯田不同质量的空间分布主要与地形条件有关，在甘肃省黄河流域及其邻近地区，多为黄土丘陵沟壑区第三副区，地貌特点以峁为主，两峁之间沟较宽，缓坡面积大，地形条件适宜修筑梯田，其梯田多布置在山腰，山顶多因坡度过陡而少见梯田；而河龙区间、北洛河上游和汾河流域，地貌特点以峁为主，山峁大、坡陡，地形破碎，沟谷面积比多为50%左右，峁坡上梯田田面较窄，且田埂有残缺，梯田质量等级较低。

7.2　梯田发展分析

分县（区）对洮河中下游及渭河上游2012年和2017年解译梯田进行统计分析，结果如表7-3所示。安定区、临洮县、隆德县和西吉县无2017年新增梯田，因为这4个地区不在2017年梯田解译范围内。其他各县（区）均有一定增加，尤其是岷县，2017年新增面积达158.02 km²，相比2012年增加了7倍之多。

表7-3　洮河中下游及渭河上游梯田变化

县（区）	2012年梯田面积/km²	2017年新增梯田面积/km²	增幅/%
安定区	15.16	—	0
甘谷县	420.22	149.43	35.56
会宁县	135.20	76.72	56.75
静宁县	834.98	146.09	17.50
临洮县	69.28	—	0
隆德县	1.15	—	0
陇西县	802.02	123.91	15.45
麦积区	323.71	43.66	13.49
岷县	21.54	158.02	733.61
秦安县	491.80	68.86	14.00
秦州区	239.15	18.84	7.88
清水县	614.85	65.31	10.62
通渭县	1 035.61	253.94	24.52
渭源县	316.15	20.80	6.58
武山县	334.70	265.48	79.32
西吉县	0.86	—	0
张家川	329.78	32.49	9.85
漳县	319.09	22.31	6.99
庄浪县	645.37	25.75	3.99
合计	6 950.62	1 471.61	21.17

以祖厉河至清水河梯田发展为例,统计祖厉河清水河历年梯田建设量可知,1955～1989 年祖厉河至清水河梯田建设均呈稳步增加趋势;1990～2003 年梯田规模大幅提高;2003～2008 年增长速度放缓,但 2009～2015 年又长势加快,如图 7-1 所示。

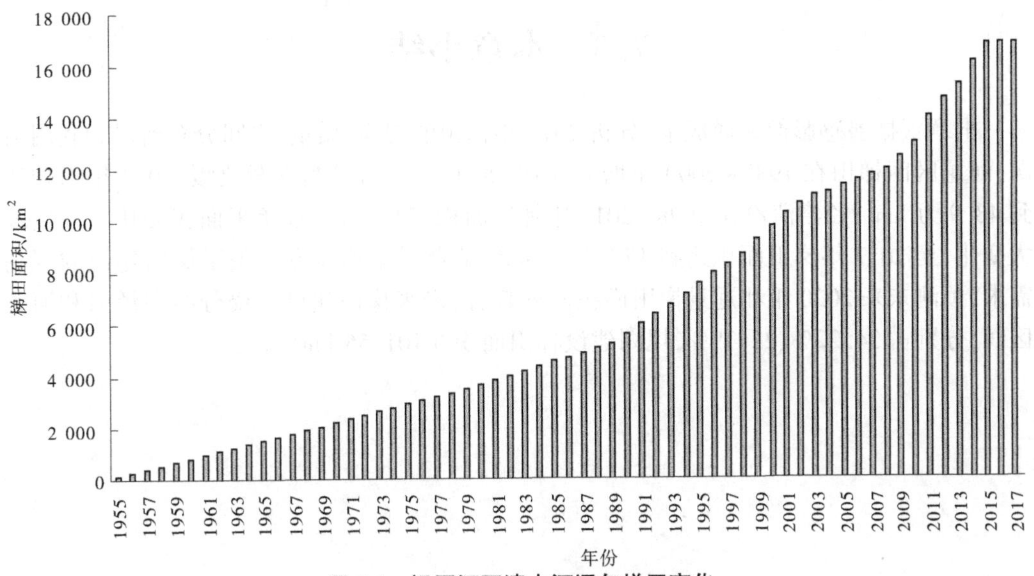

图 7-1　祖厉河至清水河逐年梯田变化

目前,黄土高原地区水平梯田主要分布在甘肃省黄河流域及周边地区,近年来梯田建设稳步发展。在实地调查过程中发现,甘肃黄河流域及周边梯田面积比较大的区域,当地政府把几乎所有可修建梯田的地方都修成了梯田,在甘肃定西市的太白山流域,作为国家坡耕地水土流失综合治理试点工程,新修梯田 0.16 万 hm^2,均为机修高标准、高质量梯田,田面宽多在 8 m 以上。但目前在甘肃省已建梯田中,仍大约有 25%为 20 世纪六七十年代人工修的梯田,梯田标准较低。综合考虑甘肃省适宜修筑梯田的坡耕地面积、满足农民生活所需人均耕地面积及近几年梯田建设情况,甘肃省黄河流域及其邻近地区受地形条件和发展规模影响,未来新修梯田活动应有所减缓,在今后的建设中应以旧梯田改造为主,发展高质量高标准梯田。预计梯田面积发展空间为新增 5%～15%。

河龙区间和北洛河上游等地区,因缓坡面积小,沟谷面积比多为 50%左右,梯田分布量较大。2000 年以来,该地区加大退耕还林(草)的力度,大量梯田退耕,当地政府很少有大规模修建梯田的规划,梯田建设缓慢,加上雨毁、机械干扰等因素,梯田保存率下降。在实地调查中了解到,山西省部分地区耕地多为坡地,梯田农地人均不足半亩,多半梯田退耕,或因质量不高弃耕。以目前黄土高原地区山西省梯田面积为基数,农业人口人均梯田仅 0.028 hm^2,按目前经济社会发展水平、满足人们基本生活以人均梯田 0.167 hm^2 计算,河龙区间梯田规模远不能满足要求。但考虑河龙区间地形条件、修建梯田成本问题以及实地调查中看到的河龙区间梯田大规模退耕弃耕、农业劳动力流失等实情,在未来发展中,依靠充足的资金和先进的科技手段使梯田面积增加 25%较为适宜。黄土高原土石山区、干旱草原区、风沙区、丘陵林区等地区受自然条件限制不适宜修建梯田,梯田仅有零星分布,该地区面积占黄土高原面积的 57.4%,未来梯田发展空间可不做考虑。综合考虑,黄土高原未来梯田发展空间在20%左右。今后梯田建设的重点将不再是追求“量”的增长,而应更注重“质”的提高,加强旧梯田改造,保证梯田质量,最大化地实现梯田保水、保土、保肥作用。

7.3 本章小结

本章根据遥感影像解译成果,分析2017年梯田的规模、质量、空间分布格局和利用情况,河龙区间梯田在1988~2000年增幅较快,2000年以后增幅逐渐放缓,2017年面积达到48.9万 hm^2,泾洛渭汾在1998~2013年梯田面积增长迅速,近年来面积变化未发生较大变化,至2017年梯田面积达到177.3万 hm^2;结合国家和地方的关于梯田建设的规划需求,预测未来2020年和远景梯田面积发展趋势,未来梯田建设主要分布在泾河和河龙区间,分别占34.22%、22.79%,规划建设梯田面积6 101.55 km^2。

第 8 章　研究区水沙数据挖掘分析

本章以黄河水沙数据仓库中的水文径流泥沙数据为基础,将黄河流域潼关水文站以上区域作为水沙变化特点分析范围,重点关注来水来沙量变化比较大的干支流,包括黄河河龙区间、渭河咸阳以上、泾河张家山以上、北洛河交口河以上、汾河河津以上、十大孔兑、清水河泉眼山以上、苦水河郭家桥以上、祖厉河靖远以上、庄浪河红崖子以上、大通河享堂以上、大夏河折桥以上、洮河红旗以上、湟水民和以上等重点产水产沙区。把黄河流域潼关以上区域分为近 100 个区间单元,分别计算每一个区间单元现状年与基准年相比的变化幅度,利用 GIS 技术把不同单元的变化情况放在一张图上,整体说明潼关以上各区间单元的变化情况。分别从不同角度阐明黄河流域潼关以上区域现状年与基准年相比,水量和沙量的变化情况。

考虑黄土高原近百年产沙环境变化特点、前人研究截止时间和实测数据可得性,本书将 2007~2016 年作为现状年,将 1975 年之前作为基准年,即认为 1975 年之前是研究区下垫面的"天然时期",重点分析现状年相比于基准年的变化特点。

8.1　径流量变化特点分析

统计黄河流域潼关以上研究区各水文站逐年、汛期(7~10 月)、主汛期(7~8 月)实测径流量、历年基流量和洪量,绘制径流量年际变化过程线和不同时段均值变化,分析径流量变化特点。

8.1.1　潼关站径流量变化特点分析

(1)年径流量总体上呈现逐年代减少的趋势。黄河流域潼关以上区域多年平均径流量为 323.3 亿 m^3。从 20 世纪 70 年代起径流量呈逐年代减少的趋势,2000 年之后持续较低,2012 年和 2013 年略有上升(见表 8-1、图 8-1)。其中,1964 年最大,为 699.4 亿 m^3,是黄河流域多年均值的 2.2 倍多;1997 年最小,为 149.3 亿 m^3,仅占多年均值的 46.2%。最大值是最小值的 4.7 倍。

从年代变化上看,黄河流域潼关以上区域 20 世纪 50 年代和 60 年代地表水资源量偏丰,70 年代起开始下降,80 年代与 70 年代基本持平,90 年代起下降剧烈,相比于 80 年代减少了 33%,21 世纪以来呈现持续减少的趋势,2000~2016 年多年均值仅有 228.1 亿 m^3,占多年均值的 70.6%。

现状年多年平均径流量为 243.6 亿 m^3,比多年平均径流量 323.3 亿 m^3 偏少了 24.7%,比基准年多年平均径流量 406.0 亿 m^3 偏少了 40%。

表 8-1　黄河流域潼关以上不同时段年径流量

时段	年均值/亿 m^3	汛期/亿 m^3	主汛期/亿 m^3	汛期比重/%	主汛期比重/%
1956~1959 年	413.1	256.2	159.3	62.02	38.56
1960~1969 年	444.0	264.1	120.5	59.48	27.14
1970~1979 年	357.4	195.9	89.3	54.81	25
1980~1989 年	369.2	208.6	102.5	56.50	27.76
1990~1999 年	248.8	108.5	63.7	43.61	25.60
2000~2016 年	228.1	105.6	44.0	46.30	19.29
1956~1975 年	406.0	234.9	114.5	57.86	28.20
2007~2016 年	243.6	116.2	51.3	47.7	21.06
1956~2016 年	323.3	173.6	84.4	53.70	26.11

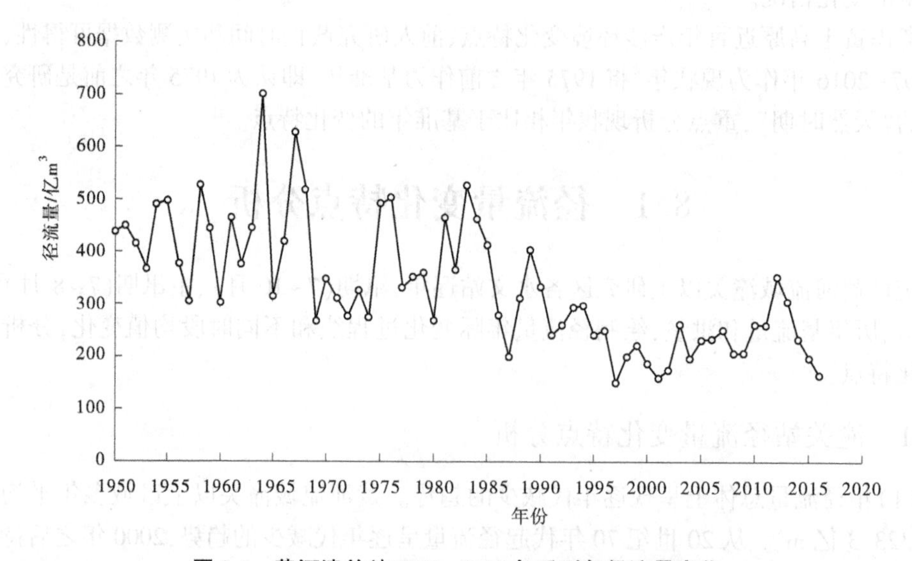

图 8-1　黄河潼关站 1956~2016 年系列年径流量变化

(2)汛期径流占比不高,为 40%~60%。

黄河流域潼关以上区域汛期(7~10 月)多年平均径流量为 173.6 亿 m^3。整体上呈现逐年代减少的趋势(见图 8-2)。其中,1964 年最大,为 437.3 亿 m^3,是潼关以上区域汛期多年均值的 2.5 倍;1997 年最小,为 55.7 亿 m^3,仅占多年均值的 32.1%。最大值是最小值的 7.9 倍。

从年代变化上看,黄河潼关以上流域汛期径流量整体上呈现逐年代递减的趋势(见图 8-3)。最大值为 20 世纪 60 年代,汛期径流量多年均值为 264.1 亿 m^3,70 年代开始下降,80 年代稍有回升,90 年代大幅度减少,21 世纪以来继续呈现减少的趋势,2000~2016 年汛期径流量多年均值仅有 105.6 亿 m^3,占多年均值的 60.8%。

现状年汛期多年平均径流量为 116.2 亿 m^3,比汛期多年平均径流量 173.6 亿 m^3 偏

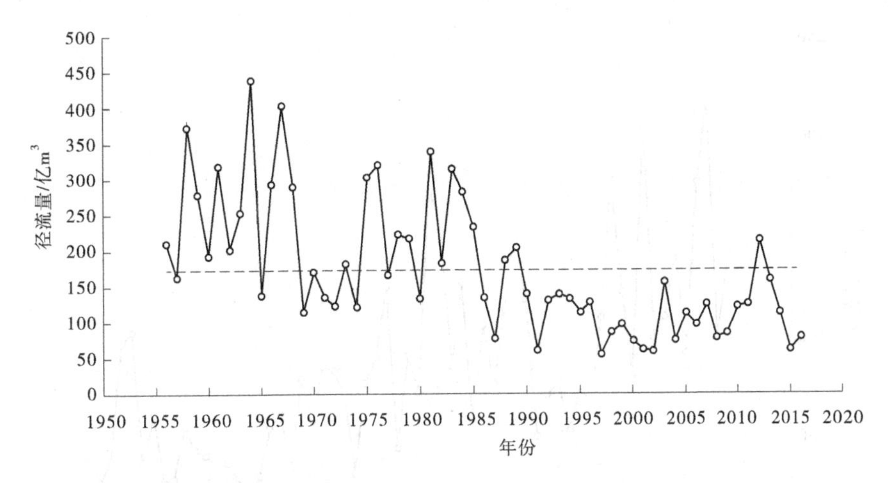

图 8-2　黄河流域潼关以上区域汛期径流量变化

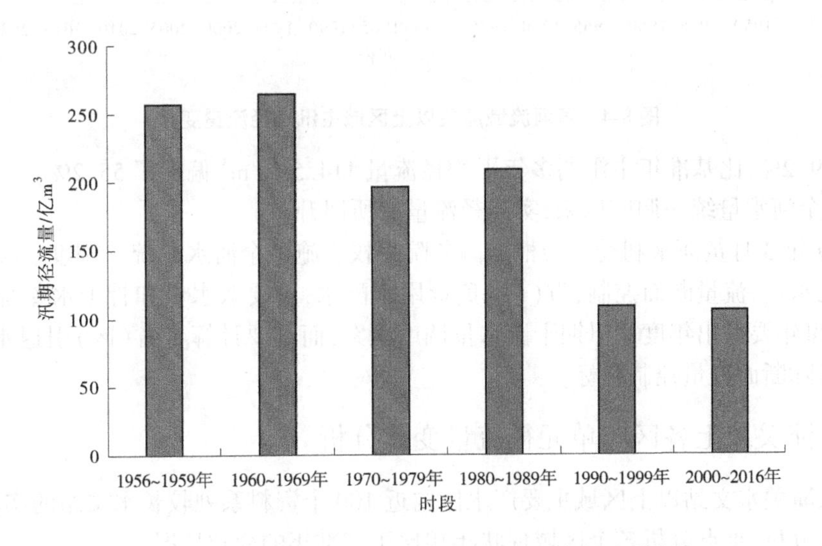

图 8-3　黄河流域潼关以上区域不同年代汛期径流量变化

少了 33.1%,比基准年多年平均径流量 234.9 亿 m^3 偏少了 50.5%。

(3)汛期、主汛期和全年径流量的变化基本一致。

黄河流域潼关以上区域主汛期(7~8 月)多年平均径流量为 84.4 亿 m^3。整体上呈现逐年代减少的趋势(见图 8-4)。其中 1958 年最大,为 217.8 亿 m^3,是潼关以上流域主汛期多年均值的 2.6 倍;2001 年最小,为 19 亿 m^3,仅占多年均值的 22.5%。最大值与最小值相差 11.5 倍,说明潼关以上区域主汛期径流量年际间变化比较剧烈。

从年代变化上看,黄河潼关以上流域主汛期径流量整体上呈现逐年代递减的趋势。最大值为 20 世纪 50 年代,主汛期径流量多年均值为 159.3 亿 m^3,60 年代起开始下降,80 年代有所回升,至 90 年代又呈现下降趋势,21 世纪以来继续呈现减少的趋势,2000~2016 年主汛期径流量多年均值仅有 44.0 亿 m^3,占多年均值的 52.1%。

现状年主汛期多年平均径流量为 51.3 亿 m^3,比主汛期多年平均径流量 84.4 亿 m^3

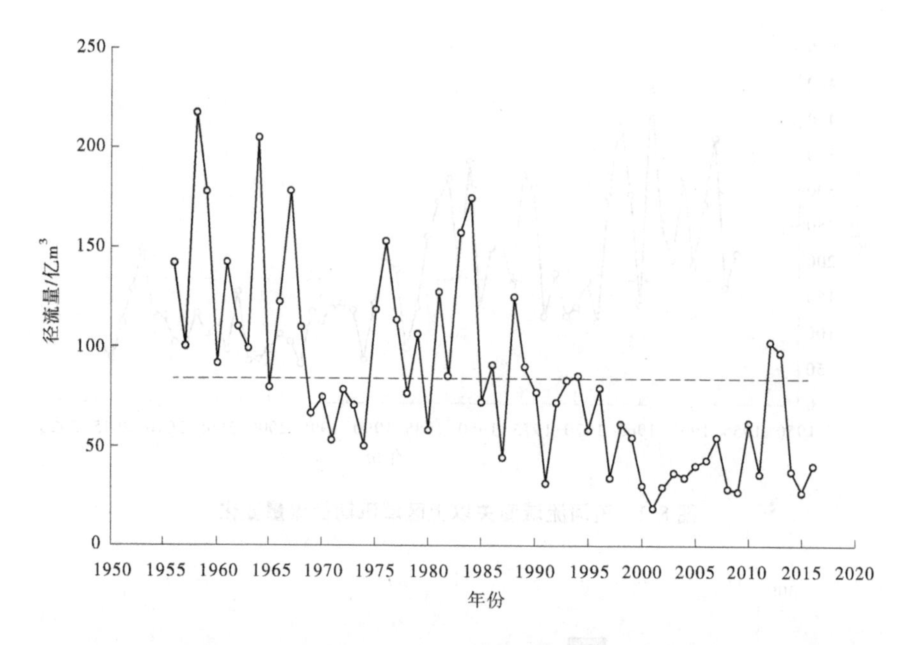

图 8-4　黄河流域潼关以上区域主汛期径流量变化

偏少了 39.2%，比基准年主汛期多年平均径流量 114.5 亿 m^3 偏少了 55.2%。

(4)全河水量统一调度以来，实测径流量有所回升。

1999 年 3 月黄河水利委员会根据国务院授权实施了全河水量统一调度。按照“国家统一分配水量，流量断面控制，省(区)负责用水配水，重要取水口和骨干水库统一调度”的原则，每年要做出年度非汛期干流水量调度预案，而且要计算各省(区)引退水量，由此来推算省际断面流量控制指标。

8.1.2　潼关以上各区间单元径流量变化分析

选取潼关水文站以上区域主要产水区内近 100 个资料系列较长水文站的实测径流量数据进行分析，重点分析各个区域现状年相比于基准年的变化情况。

8.1.2.1　整体变化特点

整体上来看，2007~2016 年系列与基准年相比，年径流量呈减少趋势。减少最多的区域集中在河龙区间、汾河河津至义棠区间、葫芦河北峡以上等；年径流量变化不大的区域集中在上游以及中游汾川河、北洛河的部分区间；年径流量有增加的区域在上游洮河、庄浪河、大通河、清水河、苦水河的部分区间及汾河兰村至义棠区间。

1. 年径流量呈减少趋势区间单元

黄河流域潼关以上区域年径流量现状年与基准年相比，减少最多(减少率在 90%以上)的区域主要在河龙区间，包括皇甫川的沙圪堵至皇甫区间、偏关河偏关站以上、清水河放牛沟以上。其中皇甫川流域的沙圪堵至皇甫区间减少最多，基准年时期区间年均产流量为 1.139 3 亿 m^3，而到了现状年时期沙圪堵至皇甫区间不但没有产流量，皇甫站相比上游的沙圪堵站，径流量反而减少了 0.039 亿 m^3，此区间年径流量减少幅度达 100%。

黄河潼关以上流域年径流量现状年与基准年相比，减少率在 80%~90%的区域主要有汾河河津至义棠区间,渭河支流葫芦河北峡以上,河龙区间的县川河、孤山川和州川河,大夏河的双城至折桥区间,清水河韩府湾以上。其中,汾河的河津至义棠区间减少幅度达89.4%。

2. 年径流量变化不大区间单元

年径流量变化不大(变化率在-10%~10%)的区域有唐乃亥至小川区间、大夏河双城以上、延安至甘谷驿区间、大通河连城以上、北洛河张村驿以上、唐乃亥以上、湟水石崖庄以上。

3. 年径流量呈增多趋势区间单元

现状年与基准年相比,年径流量增大的(变化率大于15%以上)的区域有洮河红旗至李家村区间、汾河兰村至义棠区间、庄浪河、大通河连城至享堂区间、清水河韩府湾至泉眼山区间及苦水河流域。其中,苦水河流域与基准年相比年径流量增加最多,从基准年的0.261亿m^3增加到现状年的1.112亿m^3,增幅多达326.5%。

8.1.2.2 分区域变化特点

1. 黄河上游

黄河上游的18个小区域中,现状年与基准年相比,呈减少趋势的为8个,其中减少最多的是大夏河折桥至双城区间,减少幅度为82.3%;径流变化不大的小区域(变化率在-15%~15%)有5个,分别是小川以上、大夏河双城以上、大通河连城以上、唐乃亥以上及湟水石崖庄以上,其中唐乃亥以上变化率为0,说明现状年与基准年相比,实测径流量基本没变;径流量增加的小区域有5个,分别是洮河红旗至李家村区间、庄浪河红崖子以上、大通河享堂至连城区间、清水河泉眼山至韩府湾区间以及苦水河郭家桥以上,其中实测径流量增加最多的是苦水河郭家桥以上,增大幅度为326.5%,基准年年均径流量为0.260 7亿m^3,现状年为1.112亿m^3。

2. 河龙区间

河龙区间的39个小区域中,现状年与基准年相比,全部呈减少趋势,平均减少幅度为51.7%。减少最多的为皇甫川流域的沙圪堵至皇甫区间,减少幅度达100.0%;减少最少的为延河的甘谷驿至延安区间,减少幅度为9%。

3. 泾洛渭河

泾洛渭河流域的26个小区域中,现状年与基准年相比,实测径流量全部为减少趋势,平均减少幅度为47.1%。减少最多的为渭河支流葫芦河的北峡以上,减少幅度为86.6%,从基准年的0.363 5亿m^3减少到现状年的0.048 6亿m^3。减少最小的为华县至咸阳至张家山区间,减少幅度为4.9%,可以认为基本没变。

4. 汾河

汾河流域分为3个小区间,分别是兰村以上、兰村至义棠和义棠至河津区间。其中,兰村以上和义棠至河津区间为减少趋势,减幅分别达到67.5%和89.4%。而兰村至义棠区间实测径流量为增大趋势,增大幅度为51.2%。

8.1.2.3 对应区域地貌类型分析

从地貌类型上来看,年径流量减幅最多的区间单元基本上均为黄土丘陵区(见表8-2)。比如皇甫川、偏关河、孤山川、清水河放牛沟以上、县川河、州川河都属于河龙区间的黄土丘陵沟壑区第一副区(丘 1),属于水土流失比较严重的地区。

表 8-2　年径流量减幅最多区间单元地貌类型

区间	变化率/%	位置	地貌类型
皇甫至沙圪堵	-100.0	皇甫川	丘 1
偏关以上	-95.5	偏关河	丘 1
放牛沟至清水河	-94.6	清水河	丘 1
河津至义棠	-89.4	汾河	丘 2+黄土阶地+冲积平原
北峡以上	-86.6	渭河支流葫芦河	丘 3
旧县	-84.8	县川河	丘 1
吉县	-83.9	州川河	黄土高原沟壑区
折桥至双城	-82.3	大夏河	丘 4+丘 5
高石崖	-82.1	孤山川	丘 1
韩府湾	-79.999	清水河	丘 5+丘 2
新庙	-78.7	窟野河	丘 1
甘谷	-78.5	散渡河	丘 3
神木至王道恒塔至新庙	-75.1	窟野河	丘 1
清水河以上	-73.9	清水河	丘 1
秦安至北峡	-71.6	葫芦河	丘 3

表 8-3 为年径流量变化不大或者增多的区间单元的地貌类型,从表 8-3 中可以看出,土石山区和草原区占了绝大部分。

表 8-3　年径流量变化不大或增多的区间单元地貌类型

区间	变化率/%	位置	地貌类型
唐乃亥以上	0	黄河干流	土石山区
石崖庄/湟源	4.4	湟水	高地草原区+土石山区
红旗至李家村	47.4	洮河	丘 5+丘 3
兰村至义棠	51.2	汾河	冲积平原区+土石山区
红崖子以上	95.3	庄浪河	土石山区+丘 5
享堂至连城	142.5	大通河	丘 4
泉眼山至韩府湾	150.2	清水河	丘 5+干旱草原区
郭家桥以上	326.5	苦水河	干旱草原区

8.1.3　年实测径流量突变指标分析

目前,国内外已发展多种识别水文序列突变特征的方法,本书采用其中比较常见的几种方法进行检测,分别为 MK 检验法、累积距平法、有序聚类法、滑动 T 检验法、滑动秩和法和李-海哈林法,对干流唐乃亥水文站和潼关水文站年实测径流量序列进行突变特征分析,其结果见图 8-5。

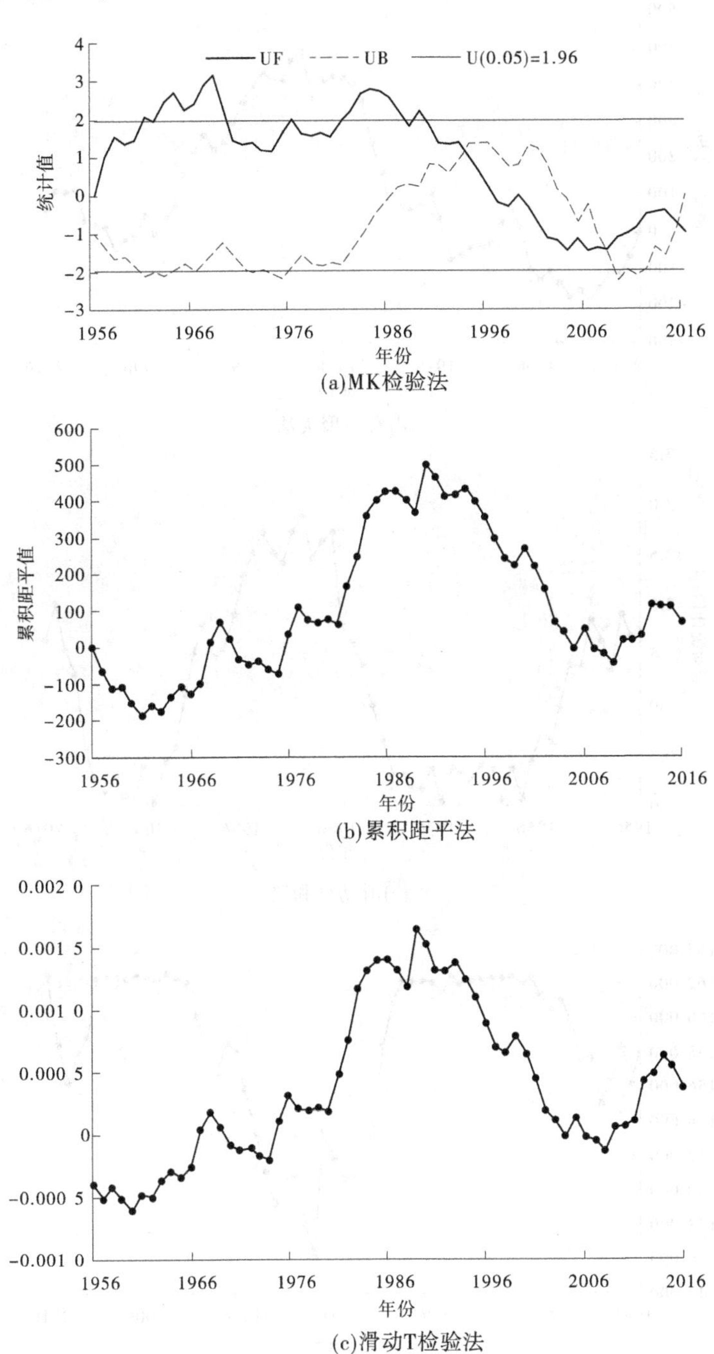

图 8-5　唐乃亥径流量各突变检验方法

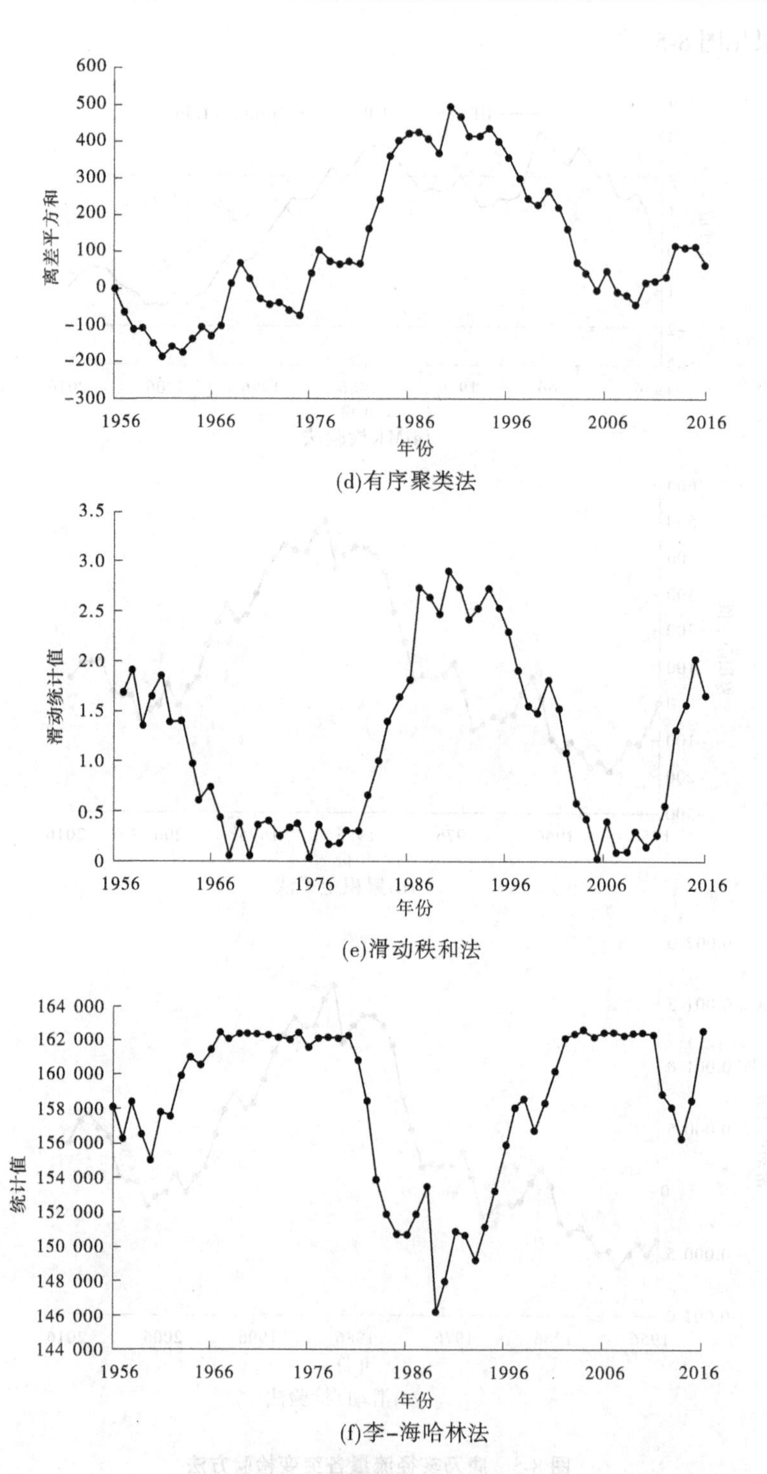

(d)有序聚类法

(e)滑动秩和法

(f)李-海哈林法

续图 8-5

对唐乃亥水文站 1956~2016 年径流量序列采用 MK 检验法突变分析，结果见图 8-5(a)，在给定显著性水平 $\alpha=0.05$ 后，研究区年降水量 UF 和 UB 两条曲线在 1994 年出现交点，且交点位于置信度区间内，因此可认为该交点为研究断面年径流量发生突变的年份，即确定 1994 年为研究断面年径流量的突变点。

累积距平法突变分析结果见图 8-5(b)，年径流量累积距平曲线在 1990 年其累积距平值达到最大，因此累积距平法确定 1990 年为突变点。

由图 8-5(c)~(f)可知，研究区年实测径流量在 1989 年发生突变。

综合这 6 种检验方法的检验结果，可以分析出唐乃亥水文站年实测径流量的突变年份在 1990 年前后。

对潼关水文站 1950~2016 年径流量序列采用 MK 检验法进行突变分析，结果见图 8-6(a)，在给定显著性水平 $\alpha=0.05$ 后，研究区年降水量 UF 和 UB 两条曲线在 1987 年出现交点，且交点位于置信度区间内，因此可认为该交点为研究断面年径流量发生突变的年份，即确定 1987 年为研究断面年径流量的突变点。

累积距平法突变分析结果见图 8-6(b)，年径流量累积距平曲线在 1986 年其累积距平值达到最大，因此累积距平法确定 1986 年为突变点。

由图 8-6(c)~(f)可知，研究区年径流量在 1985 年发生突变。

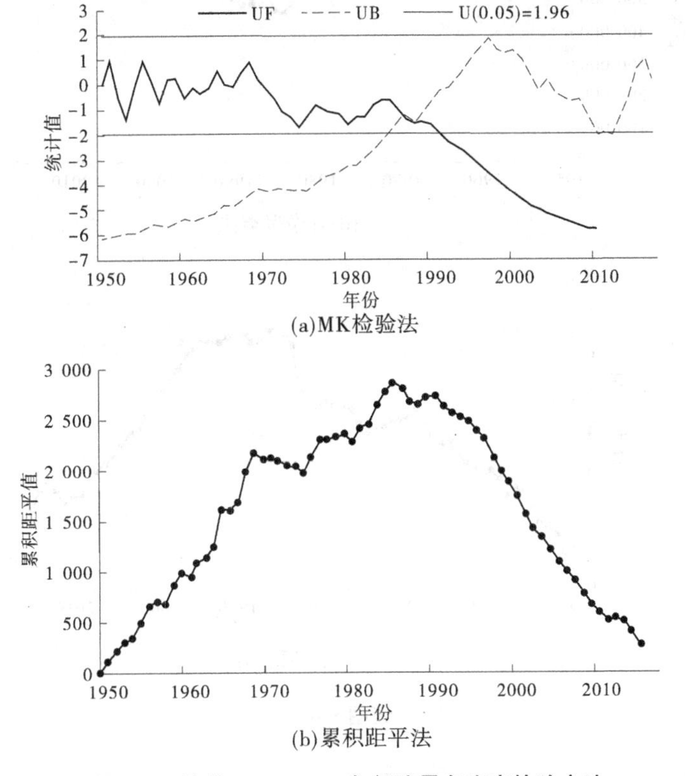

(a)MK检验法

(b)累积距平法

图 8-6　潼关 1950~2016 年径流量各突变检验方法

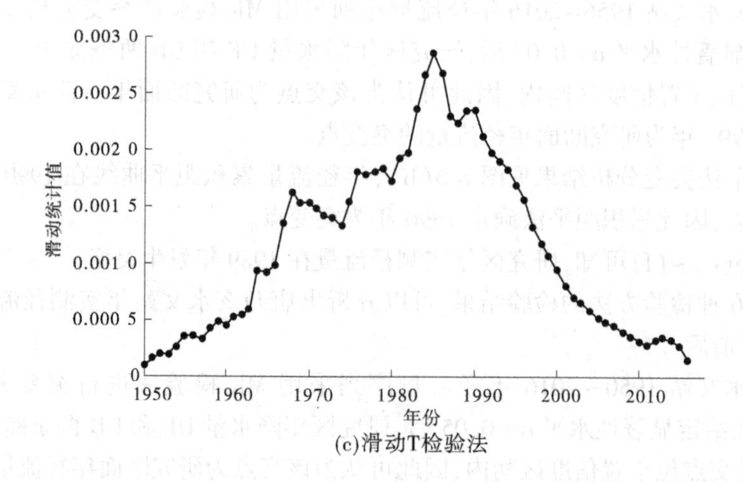

(c)滑动T检验法

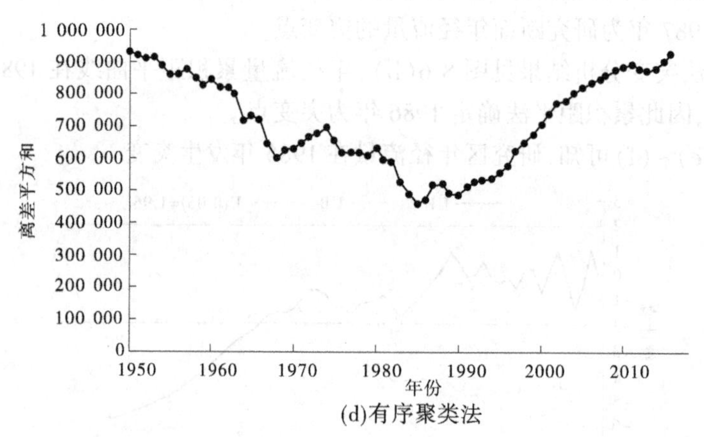

(d)有序聚类法

(e)滑动秩和法

续图 8-6

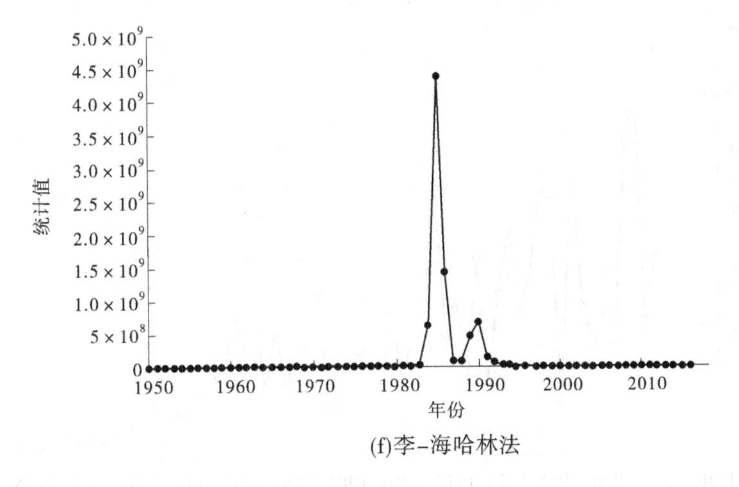

(f)李–海哈林法

续图 8-6

综合这 6 种检验方法的检验结果,可以分析出潼关水文站年实测径流量的突变年份在 1986 年前后。

8.2 沙量变化特点分析

8.2.1 潼关站沙量变化特点分析

8.2.1.1 年输沙量变化分析

黄河流域潼关以上区域年输沙量多年均值为 9.1 亿 t。输沙量年际变化整体上呈现快速下降的趋势(见图 8-7、图 8-8)。其中,1958 年年输沙量最大,为 29.9 亿 t,是黄河流域多年均值的 3.3 倍;2015 年年输沙量最小,为 0.55 亿 t,仅占输沙量多年均值的 6%。最大值与最小值的差值高达 54 倍。

从年代变化上看,黄河流域潼关以上区域年输沙量明显呈现逐年代递减的趋势。20 世纪 50 年代输沙量多年均值最大,为 20.7 亿 t,60 年代起开始下降,70~90 年代持续下降,2000 年后下降趋势明显加快,2000~2016 年多年均值仅有 2.5 亿 t,仅占多年均值的 27.5%。

现状年 2007~2016 年系列输沙量多年均值为 1.6 亿 t,比多年平均输沙量 9.1 亿 t 偏少了 82.5%,比基准年多年平均输沙量 15 亿 t 偏少了 89.3%。

8.2.1.2 汛期含沙量变化分析

黄河流域潼关以上区域汛期(6~9 月)多年平均含沙量为 48.6 kg/m³,整体上呈现逐年代减少的趋势(见图 8-9、图 8-10)。其中,1977 年最大,为 139.2 kg/m³,是潼关以上区域汛期多年均值的 2.9 倍;2014 年最小,为 4.7 kg/m³,仅占多年均值的 9.7%。最大值和最小值相差 30 倍。

从年代变化上看,黄河潼关以上流域汛期含沙量整体上呈现逐年代递减的趋势。最大值为 20 世纪 50 年代,汛期含沙量多年均值为 76.9 kg/m³,从 60 年代起,70~90 年代开始交替上升下降,21 世纪以来继续呈现减少的趋势,2000~2016 年汛期径流量多年均值

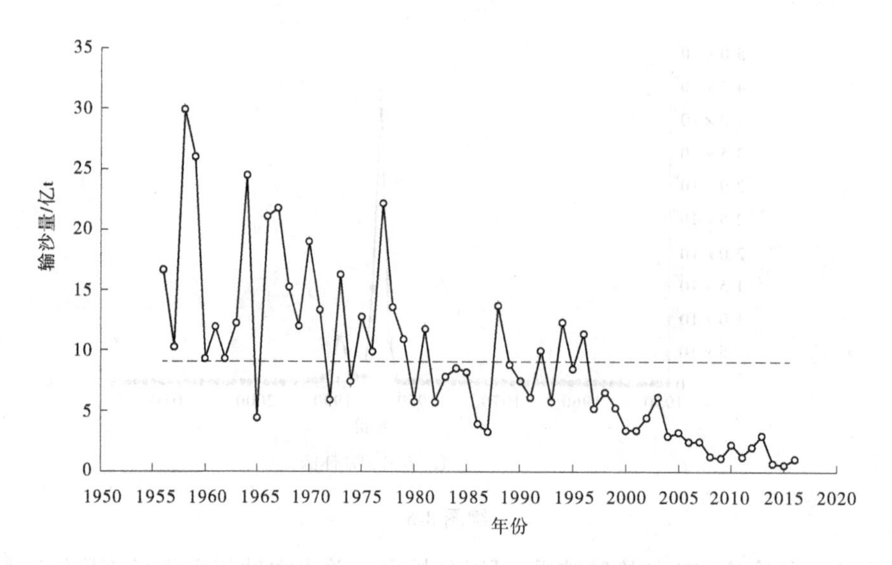

图 8-7　黄河潼关站 1956~2016 年系列年输沙量变化

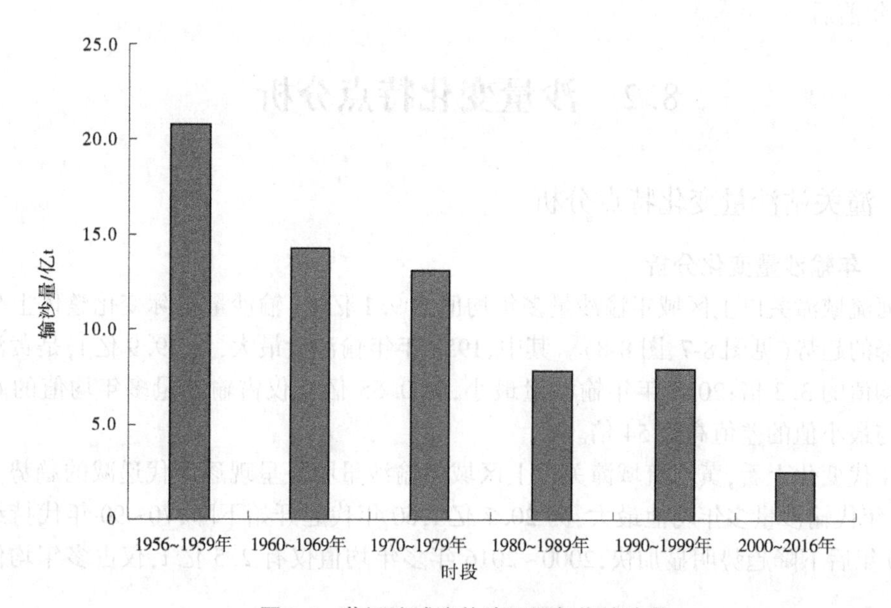

图 8-8　黄河流域潼关站不同年代输沙量

仅有 23 kg/m^3，占多年均值的 47.3%。

现状年 2007~2016 年汛期多年平均含沙量为 12.1 kg/m^3，比汛期多年平均含沙量 48.6 kg/m^3 偏少了 75.2%，比基准年多年平均含沙量 66.2 kg/m^3 偏少了 81.8%。

8.2.2　潼关以上各区间单元输沙量变化分析

选取潼关水文站以上区域主要产沙区内 88 个资料系列较长水文站的实测输沙量数据，对这 88 个水文站形成的 88 个小区间单元进行分析，重点分析各个区域现状年相比于基准年的变化情况。

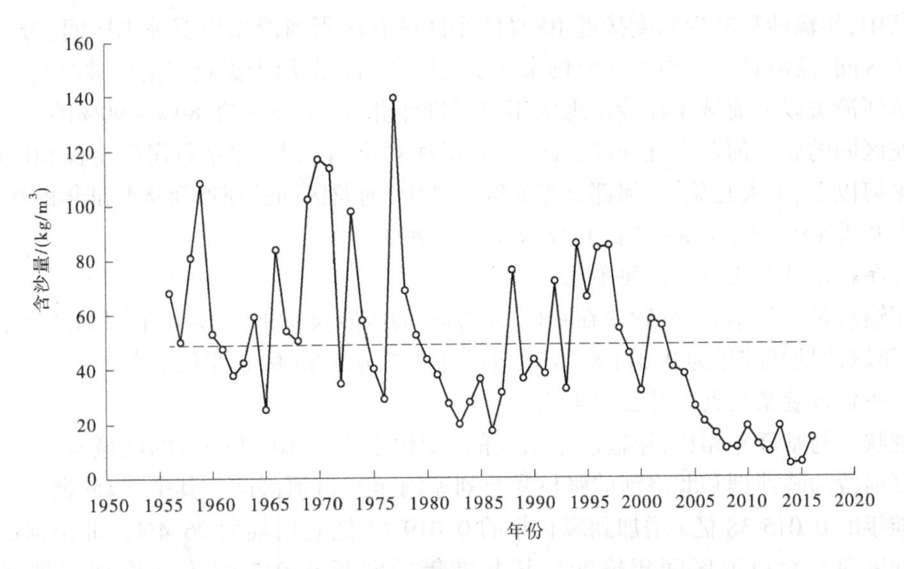

图 8-9　黄河流域潼关以上区域 1956~2016 年汛期含沙量变化

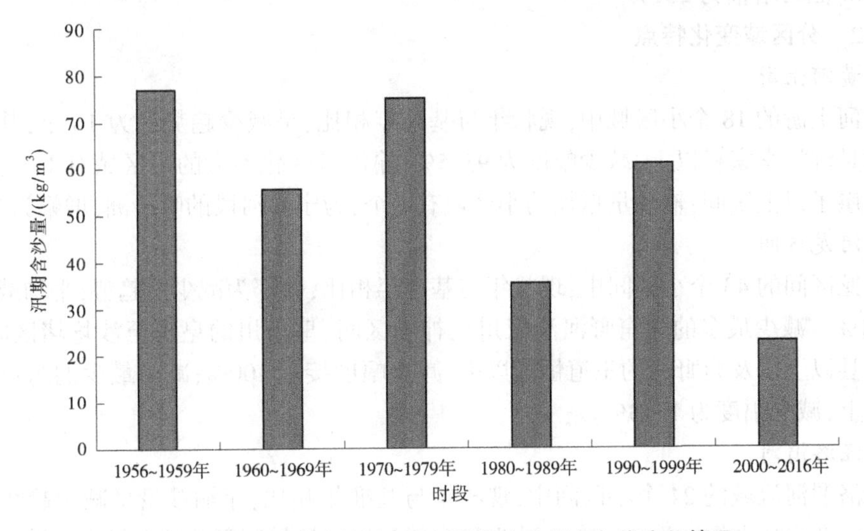

图 8-10　黄河流域潼关以上区域汛期含沙量各年代变化情况

8.2.2.1　整体变化特点

整体上来看,黄河潼关以上流域年输沙量的减少幅度要远远大于径流的减幅。88 个小区域中,有 85 个小区域呈减少趋势,平均减少量为 83%,1 个小区域变化不大,2 个小区域为增加趋势。减少最多的区域集中在河龙区间、汾河河津至义棠区间、泾河景村至雨落坪至杨家坪区间等;年输沙量变化不大的区域有 1 个,是庄浪河的红崖子以上;年输沙量增加的区域有 2 个,分别是鸣沙洲和北洛河的交口河至刘家河至张村驿区间。

1. 年输沙量呈减少趋势区间单元

黄河流域潼关以上区域年径流量现状年与基准年相比,减幅大于 90%的小区域多达 44 个,这些区域主要分布在河龙区间、汾河、渭河干流和部分支流以及洮河李家村以上等。其中,年输沙量减少幅度接近100%的小区域有窟野河温家川至神木区间、汾河河津至义棠区间、泾河景村至雨落坪至杨家坪至张河区间和渭河干流咸阳至社棠至北道区间。

黄河潼关以上流域年输沙量现状年与基准年相比,减少率在80%~90%的区域主要有河龙区间的屈产河及大理河部分区间、北洛河刘家河以上、湟水石崖庄至民和区间、泾河毛家河以上、十大孔兑、渭河部分支流等。其中,河龙区间的屈产河从基准年的0.097 8亿t减少到现状年的0.009 8亿t,减少幅度达90%。

2. 年输沙量变化不大区间单元

年输沙量变化不大(变化率在-10%~10%)的区域仅有1个,为庄浪河的红崖子以上区间,年输沙量基准年为0.011 85亿t,现状年为0.011 93亿t,变化不大。

3. 年输沙量呈增大趋势区间单元

现状年与基准年相比,年输沙量增大的(变化率大于10%以上)的区域有2个,分别是宁夏河段的鸣沙洲和北洛河的张村驿至刘家河至交口河区间。其中,鸣沙洲年输沙量从基准年的0.015 38亿t增加到现状年的0.019 44亿t,增幅为26.4%。北洛河的张村驿至刘家河至交口河区间年输沙量从基准年的淤积0.017 05亿t增加到现状年的0.027 48亿t,增幅为261%。

8.2.2.2 分区域变化特点

1. 黄河上游

黄河上游的18个小区域中,现状年与基准年相比,呈减少趋势的为16个,其中减少最多的是洮河李家村以上,减少幅度为93.5%;输沙量变化不大的小区域有1个,为庄浪河的红崖子以上区间;输沙量增加的小区域有1个,为宁夏河段的鸣沙洲,增幅为26.4%。

2. 河龙区间

河龙区间的43个小区间中,现状年与基准年相比,全部为减少的趋势,平均减少幅度为90.1%。减少最多的为窟野河温家川至神木区间、皇甫川的皇甫至沙圪堵区间、州川河的吉县以上以及窟野河的王道恒塔以上,减少幅度接近100%;减少最少的为汾川河的临镇以上,减少幅度为17.3%。

3. 泾洛渭河

泾洛渭河流域的24个小区间中,现状年与基准年相比,年输沙量呈减少趋势的区间为23个,平均减少幅度为75.5%。减少最多的为泾河景村至雨落坪至杨家坪至张河区间和渭河干流咸阳至社棠至北道区间、泾河杨家坪至泾川至红河至毛家河区间,减少幅度接近100%。减少最少的为泾河支流黑河的张河以上区间,减少幅度为12.8%。呈增加趋势的区间1个,为北洛河的交口河至刘家河至张村驿区间,增幅为261%。

4. 汾河

汾河流域分为3个小区间,分别是兰村以上、兰村至义棠和义棠至河津区间。与基准年相比,现状年3区间的年输沙量皆为减少趋势,减少幅度分别为接近100%、99.99%和90.4%,说明整个汾河流域年输沙量呈锐减趋势。

8.2.2.3 对应区域地貌类型分析

从地貌类型上来看,变化最大的区域基本上均为黄土丘陵区。比如皇甫川、偏关河、孤山川、清水河放牛沟以上、县川河、州川河,都属于河龙区间的黄土丘陵沟壑区第一副区

(丘 1);葫芦河北峡以上属于黄土丘陵沟壑区第三副区(丘 3);大夏河折桥至双城区间属于黄土丘陵沟壑区第四副区(丘 4);清水河韩府湾以上属于黄土丘陵沟壑区第二副区和第五副区(丘 2 和丘 5)。以上区域都属于黄土区。

这些区域除秃尾河高家堡以上、无定河韩家峁以上为风沙区,洮河李家村以上为丘 4、土石山区和高地草原区的混合地貌,汾河兰村至义棠区间为冲积平原区和土石山区外,其余区域均为黄土区(见表 8-4)。

表 8-4　年输沙量减幅最多区间单元地貌类型

区间	变化率/%	位置	地貌类型
温家川至神木	-100	窟野河	丘 1
河津至义棠	-100	汾河	丘 2+黄土阶地+冲积平原
景村至雨落坪至杨家坪至张河	-100	泾河	丘 1
咸阳至社棠至北道	-100	咸阳至北道(干流)	土石山区
兰村以上	-100	汾河	丘 2
皇甫至沙圪堵	-99.9	皇甫川	丘 1
吉县	-99.9	州川河	黄土高原沟壑区
王道恒塔	-99.8	窟野河	丘 1
放牛沟至清水河	-99.3	清水河	丘 1
横山	-99.1	无定河	丘 1
杨家坪	-99.1	泾河	丘 1
清水河	-99.0	清水河	丘 1
兴县	-98.7	蔚汾河	丘 1
张村驿	-98.6	北洛河	黄土丘陵林区
高石崖	-98.3	孤山川	丘 1
乡宁	-98.1	鄂河	黄土高原沟壑区

表 8-5 为年输沙量变化不大或者增多的区间单元的地貌类型,从表 8-5 中可以看出,年输沙量变化不大(-10%~10%)的区域为庄浪河红崖子以上,地貌类型为土石山区和黄土丘陵沟壑区第五副区(丘 5)。

年输沙量增加(>10%)的区域为鸣沙洲以上(地貌类型为干旱草原区+上游部分丘 1)和北洛河干流刘家河至交口河区间(地貌类型为黄土高原沟壑区+黄土丘陵林区)。

表 8-5　年输沙量变化不大或增多的区间单元地貌类型

区间	变化率/%	位置	地貌类型
红崖子	7.88	庄浪河	土石山区+丘 5
鸣沙洲	26.44	鸣沙洲	干旱草原区+上游部分丘 1
刘家河至交口河	261.18	北洛河干流	黄土高原沟壑区+黄土丘陵林区

8.2.3　潼关以上各区间单元年最大含沙量变化分析

选取潼关水文站以上区域主要产沙区内 88 个资料系列较长水文站的年最大含沙量数据，对这 88 个水文站形成的 88 个小区域进行分析，重点分析各个区域现状年相比于基准年的变化情况。

8.2.3.1　整体变化特点

整体上来看，黄河潼关以上流域年最大含沙量的变化情况没有输沙量变化那么剧烈。88 个小区域中，有 78 个小区域呈减少趋势，平均减少量为 62.8%，减少最多的区域集中在河龙区间的窟野河、仕望川及州川河、洮河李家村以上等；年最大含沙量变化不大（变幅在-10%~10%）的区间有 8 个，大部分位于泾河、清水河及唐乃亥至小川区间；呈增加趋势的区间有 2 个，位于庄浪河红崖子以上及北洛河支流葫芦河的张村驿以上，平均增幅为 23.2%。

1. 最大含沙量呈减少趋势区间单元

黄河流域潼关以上区域年最大含沙量现状年（2007~2019 年）与基准年（1956~1975 年）相比，减幅大于 80%的小区域有 22 个，这些区域主要分布在河龙区间、汾河、大通河以及洮河等。其中，年最大含沙量减少幅度最多的为窟野河、仕望川及州川河、洮河李家村以上。窟野河王道恒塔以上区间的最大含沙量从基准年的 1 058 kg/m^3 减少到现状年的 9.3 kg/m^3，减幅高达 99%。洮河李家村以上区间的最大含沙量从基准年的 87.82 kg/m^3 减少到现状年的 4.3 kg/m^3，减幅高达 95%。

2. 最大含沙量变化不大区间单元

最大含沙量变化不大（变化率在-10%~10%）的区域有 8 个，大部分位于泾河、清水河及唐乃亥至小川区间，其中尤其典型的是清水河，整个流域的最大含沙量都处于稳定状态，基准年和现状年变化不大。

3. 最大含沙量呈减少趋势区间单元

现状年与基准年相比，年输沙量增大的（变化率大于 10%以上）的区域有 2 个，分别是庄浪河红崖子以上及北洛河支流葫芦河的张村驿以上，增幅分别为 18.1%和 28.3%。

8.2.3.2　分区域变化特点

1. 黄河上游

黄河上游的 19 个小区域中，现状年与基准年相比，呈减少趋势的为 13 个，其中减少最多的是洮河李家村以上，减少幅度为 95%；减少最小的为祖厉河靖远至郭城驿区间，减少幅度为 10%；最大含沙量变化不大的小区域有 4 个，为黄河干流小川至唐乃亥区间、清水河及干流兰州至青铜峡区间；最大含沙量增加的小区域有 1 个，为庄浪河红崖子以上，增幅为 18.1%。

2. 河龙区间

河龙区间的 39 个小区间中，现状年与基准年相比，全部为减少趋势，平均减少幅度为 72%。减少最多的为窟野河流域、州川河的吉县以上及仕望川，减幅均在 90%以上；减少最少的为小理河的李家河以上，减少幅度为 23.6%。

3. 泾洛渭河

泾洛渭河流域的29个小区间中,现状年与基准年相比,最大含沙量呈减少趋势的区间为25个,平均减少幅度为47.2%。减少最多的为北洛河志丹以上和渭河干流咸阳至社棠至北道区间,减少幅度都在85%以上;减少最少的为马莲河支流柔远川的贾桥以上,减少幅度为13.8%。最大含沙量变化不大的区间有4个,均位于泾河支流的马莲河。呈增加趋势的区间1个,为北洛河支流葫芦河的张村驿以上,增幅为28.3%。

4. 汾河

汾河流域由于受资料限制,只有河津以上1个区间,最大含沙量从基准年的121.7 kg/m^3,减少到现状年的14.4 kg/m^3,减少幅度高达88.1%。

8.2.3.3 **对应区域地貌类型分析**

表8-6为最大含沙量减幅最多的区间单元所对应的地貌类型分布情况。从表8-6可以看出,年最大含沙量减少最多(减幅为90%~100%)的区域如窟野河、州川河、秃尾河、仕望川、洮河李家村以上等,所对应的地貌类型中黄土丘陵沟壑区占了绝大部分,只有少数几个区间单元如秃尾河高家堡以上为风沙区,洮河李家村以上为丘4、土石山区和高地草原区的混合地貌。

表8-6 最大含沙量减幅最多区间单元地貌类型

区间	变化率/%	位置	地貌类型
王道恒塔	-99.1	窟野河	丘1
温家川	-96.0	窟野河	丘1
吉县	-95.8	州川河	黄土高原沟壑区
李家村以上	-95.1	洮河	丘4+土石山区+高地草原区
新庙	-94.4	窟野河	丘1
神木	-92.8	窟野河	丘1
大村	-92.6	仕望川	丘2
高家堡至高家川	-90.6	秃尾河	丘1
高家堡以上	-90.6	秃尾河	风沙区
府谷	-89.3	黄河干流	丘1
横山	-89.3	无定河	丘1
河津	-88.2	汾河	丘2+黄土阶地+冲积平原
高石崖	-87.8	孤山川	丘1

表8-7为最大含沙量变幅不大或者增多的区间单元所对应的地貌类型分布情况。从表8-7中可以看出,年最大含沙量变化不大(-10%~10%)的区间单元如马莲河洪德以上、洪德至庆阳区间、泾河庆阳至雨落坪区间等,均为黄土丘陵沟壑区和黄土高原沟壑区。

年最大含沙量增加(>10%)的区域有庄浪河红崖子以上,其地貌类型为土石山区和丘5混合地貌;北洛河张村驿以上,其地貌类型为黄土丘陵林区。

表 8-7　最大含沙量变幅不大或增多的区间单元地貌类型

区间	变化率/%	位置	地貌类型
洪德至庆阳	-9.3	马莲河	丘 2
庆阳至雨落坪	-8.1	泾河	黄土高原沟壑区
洪德以上	-7.5	马莲河	丘 5
唐乃亥至小川	-3.1	黄河干流	丘 4+少量丘 5
韩府湾至泉眼山	-2.7	清水河	丘 5+干旱草原区
韩府湾以上	1.5	清水河	丘 5+丘 2
红崖子	18.1	庄浪河	土石山区+丘 5
张村驿	28.3	北洛河	黄土丘陵林区

8.3　本章小结

本章基于黄河主要产沙区水文站实测径流泥沙数据进行分析,黄河主要产沙区径流量呈逐年递减趋势,39 个子流域现状年较 1975 年之前平均减幅为 51.7%。从地貌类型上来看,黄土丘陵区年径流量减幅最多,而土石山区年径流量变化不大或增加;黄河主要产沙区年输沙量呈锐减趋势,平均减幅超过 83%,年输沙量减少最多的区域集中在河龙区间、汾河、渭河和泾河等。

第9章 基于数据驱动模型的水沙预测技术

气候变化背景下的降水波动、极端气候现象频发、干支流坝库修建等人类活动加剧，以及资源开发和城镇化进程的持续推进，对黄河水沙变化产生了深刻影响，水文循环过程发生不同程度的改变，黄河流域特别是黄河中下游水资源情势发生重大变化。水沙预报是黄河水资源管理、调配和高效利用的基础。水沙过程的有效预报，对于黄河水资源开发利用、防洪减灾具有重要指导意义。

水沙预报数据具有体量巨大、结构多样、变化速度快等特点，对原有的预测方法来说是新的挑战，以往的水沙预报中方法中，一般通过收集有限的历史数据，找出其中的特征数据，对特征数据的出现原因及影响因素进行分析解释，并找出洪水特征场景的重现规律，对未来一段时间内做出预测。预测结果具有一定的科学性及指导性，但由于数据系列太短，横向比较研究及纵向比较研究深度不够，预测结果的精度不高。

随着大数据技术在全球的迅速发展，掀起了基于大数据的机器学习和人工智能的研究热潮。由于水文监测手段日益完善，每年都会产生海量的基于时间与空间分布的水文数据，这些数据往往是气候、水文要素、人类活动等多因素共同作用的结果，反映了大量的水沙过程时空特征及规律。机器学习可以深度挖掘大数据的内在联系和深度价值，我们可以通过数据库或者大数据技术收集、分析大量相关数据，体量更大、结构更复杂、相关性更强的数据对产水机制的反映更科学、更合理，更接近自然规律，基于更真实的自然规律做出的预测，预测结果更具有指导意义。

9.1 研究方法

9.1.1 长短期记忆网络模型

RNN 将循环结构引入传统的神经网络。因为 RNN 在训练中很容易发生梯度爆炸或者梯度消失问题，从而无法捕捉长距离依赖关系。为了解决上述问题，Hochreiter 和 Schmidhuber 在 RNN 的基础上，提出了 LSTM。

LSTM 是以传统 RNN 为基础进行改进的，LSTM 设计了一种特殊的结构单元，并设计了3种独特的“门”结构，对通过单元的信息可以选择性地增加或去除，从而对通过单元的信息进行筛选。“门”结构采用 Sigmoid 函数来实现，Sigmoid 的取值范围为0~1，可以视为允许多少信息通过，如果它是0，则不允许该信息通过；如果它是1，则允许所有信息通过。这3种“门”结构作用于单元结构组成了 LSTM 的隐藏层。LSTM 的结构如图9-1所示。

首先，LSTM 单元通过遗忘门来对前一个记忆状态的信息进行处理，决定要从记忆状态遗忘的信息。遗忘门会输入和，并输出介于0和1之间的值。

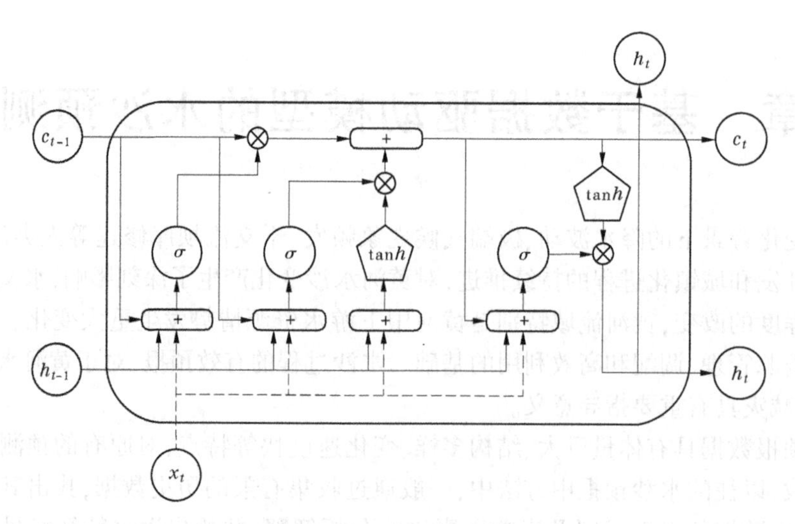

图 9-1　0.1 LSTM 网络结构

$$f_t = \sigma[W_f \cdot (h_{t-1}, x_t) + b_f] \tag{9-1}$$

下一步，决定记忆中存储哪些信息。这包括两部分，一方面，通过输入门决定要更新哪些信息；另一方面，通过激活函数来更新候选向量。

$$i_t = \sigma[W_i(h_{t-1}, x_t) + b_i] \tag{9-2}$$

$$\tilde{c}_t = \tanh[W_c(h_{t-1}, x_t) + b_c] \tag{9-3}$$

下一步，结合上面两部分来更新记忆状态。

最终，决定输出哪些隐藏状态信息。首先，使用输出门来决定要输出的内容，然后采用激活函数处理记忆状态，最后使用输出门来控制需要输出的记忆状态。

$$\tilde{c}_t = \tanh[W_c(h_{t-1}, x_t) + b_c]$$

$$c_t = f_t c_{t-1} + i_t \tilde{c}_t \tag{9-4}$$

最终，决定输出哪些隐藏状态信息。首先，使用输出门来决定要输出的内容，然后采用激活函数处理记忆状态，最后使用输出门来控制需要输出的记忆状态。

$$o_t = \sigma[W_o(h_{t-1}, x_t) + b_o] \tag{9-5}$$

$$h_t = o_t \tanh(c_t) \tag{9-6}$$

LSTM 等 RNN 模型主要的训练方法是按时间展开的反向传播算法(back-propagation through time，BPTT)。BPTT 算法是对经典的反向传播(BP)算法的改进，BPTT 将 RNN 按照时间顺序展开为一个深层的网络，在此基础上采用 BP 算法对展开后的网络进行训练。由于 BPTT 算法概念清晰且计算高效，所以本书采用 BPTT 算法来训练 LSTM 网络。

标准单向 LSTM 的一个缺点是，它仅用到正向的信息，而没有考虑反向的信息，这样就丢失了一些有价值的信息。针对这个问题，双向 LSTM(BLSTM)同时考虑了双向的信息，它是在双向 RNN 模型的基础上改进而来的。双向 LSTM 就是在隐藏层中同时有一个正向 LSTM 和一个反向 LSTM，双向 LSTM 的输出是由这两个单向 LSTM 共同决定的(可以拼接或者求和等)，和标准单向 LSTM 相比，这样可以挖掘更多的信息。

9.1.2 模型验证指标

为了客观地反映径流预测智能模型在黄河流域未控区径流过程预测中的准确度，通过水文模型常用的纳什效率系数(NSE)以及水量误差(RE)来评判算法性能的优劣。

纳什效率系数(nash-sutcliffe efficiency coefficient,NSE)，一般用以验证水文模型模拟结果的好坏。

$$\mathrm{NSE} = 1 - \frac{\sum_{i=1}^{n}(Q_{\mathrm{sim},i} - Q_{\mathrm{obs},i})^2}{\sum_{i=1}^{n}(Q_{\mathrm{obs},i} - \overline{Q}_{\mathrm{obs},i})^2} \tag{9-7}$$

式中：$Q_{\mathrm{obs},i}$ 为第 i 时刻的观测值；$Q_{\mathrm{sim},i}$ 为第 i 时刻的模拟值，$\overline{Q}_{\mathrm{obs},i}$ 表示观测值的总平均。

NSE 取值为负无穷至 1，NSE 接近 1，表示模式质量好，模型可信度高；NSE 接近 0，表示模拟结果接近观测值的平均水平，即总体结果可信，但过程模拟误差大；NSE 远远小于 0，则模型是不可信的。

水量相对误差(relative error,RE)表示误差与观测值的相对大小

$$\mathrm{RE} = \frac{\sum_{i=1}^{n}(Q_{\mathrm{sim},i} - Q_{\mathrm{obs},i})}{\sum_{i=1}^{n}Q_{\mathrm{obs},i}} \tag{9-8}$$

式中：$Q_{\mathrm{obs},i}$ 为观测值；$Q_{\mathrm{sim},i}$ 为模拟值；i 为第 t 时刻的某个值。

9.2 典型流域径流过程预测模拟

小花间未控区水环境复杂，径流量形成受气候天气、下垫面条件(地形、土壤、植被等)、人类活动(水土保持、淤地坝修建、水库修建等工程建设)、社会经济等诸多因素的综合影响作用，加之地理参数空间分布不均和时空不确定性，呈现非线性、强相关、高度复杂、多时间尺度等特点，难以用数学公式精确表达，传统的水文模型建立还不能摆脱对真实水文现象模拟概化的各种假设，存在很多缺陷，如模型参数不确定、缺乏对下垫面变化的动态描述以及对未来预测的不确定性等。由于地理等参数空间分布不均和时空不确定性，呈现非线性、强相关、高度复杂、多时空尺度等特点，需要构建一种多模态适应性径流预报模型，解决复杂要素数据流域把口站径流精准实时预测问题，实现对水资源管理决策问题的快速支撑。

本书以黄河小花间未控区为研究对象(以伊洛河和沁河为例)，利用下载遥感影像、网络爬虫等手段收集整理的水沙数据仓库，对数据集进行量化阈值分析和特征集提取，利用集成学习核心算法和框架进行径流预测模型构建和优化，探索变化环境下多驱动因素对径流演变的作用机制。研究区位置见图 9-2。

伊洛河流域处在黄河流域的中段，属于暖温带山地季风气候。流域内地势陡峻，地表类型复杂。伊洛河由洛河和伊河构成，两条河流向近乎平行。其中，洛河发源于陕西省洛

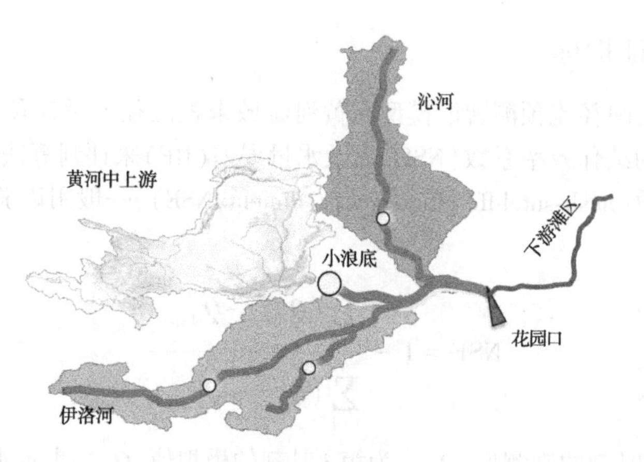

图 9-2 研究区位置

南县，伊河发源于河南省栾川县，二者在堰师市枣庄交汇。该流域中部和西部山地区域降水充沛，伊河和洛河河谷及两岸附近的丘陵区域降水较少。在夏季汛期，伊洛河对黄河中下游的生产生活安全带来威胁，是该区域洪水主要来源之一。

沁河发源于山西省长治市沁源县太岳山南麓的二郎神沟，是黄河三门峡至花园口区间的第二大支流，流经山西、河南两省的 16 个县(市)，于武陟县南贾村汇入黄河。沁河干流河道全长 485 km，流域面积约 13.53 km^2。流域多年平均气温 5~11 ℃，多年平均降水量 613.1 mm。流域总人口 350.6 万人，耕地面积 453 万亩(1 亩 = 1/15 hm^2，全书同)。随着沁河流域经济社会的发展，流域水资源消耗增大，近年来沁河流域径流量发生明显变化。

9.2.1 模型构建

9.2.1.1 模型方案流程

基于大数据多要素关联分析和智能预测技术方案如下：

(1)根据收集到的数据及模型需要进行要素特征提取及聚类分析并进行要素数据的融合，形成黄河未控区来水量智能预测模型要素数据集。

(2)基于长短期记忆网络算法，结合网格搜索函数及交叉验证函数进行模型构建及超参数寻优。

(3)构建训练数据集进行智能模型训练，确定流域的模型参数。

(4)使用测试数据集及模型评价指标对流域模型完成验证评价。

9.2.1.2 数据特征提取

本书利用归一化植被指数对研究区下垫面植被覆盖进行表征，归一化植被指数是反映植被长势信息的重要参数，研究采用的是 MODIS NDVI 产品，并利用 Landsat 影像进行数据时间范围的扩展。

1. MODIS 植被数据

中分辨率成像光谱仪 MODIS 是 Terra 和 Aqua 卫星上搭载的主要传感器之一，两颗卫星相互配合，每 1~2 d 可重复观测整个地球表面，得到 36 个波段的观测数据，MODIS

NDVI 数据的空间分辨率为 250 m，扫描宽度为 2 330 km。MODIS NDVI 被认为是 AVHRR NDVI 的完善，提高了空间分辨率和叶绿素敏感度，排除了大气水汽的干扰，调整合成方法，是 AVHRR NDVI 的延续和升级。MODIS NDVI 植被指数数据集为 MODIS 三级产品 MOD13A3，数据起始时间为 2000 年 2 月至今，MOD13A3 植被产品空间分辨率为 1 km×1 km，时间分辨率为 1 个月，算法吸收全部 16 d 覆盖全月的产品，采用时间加权平均值法计算。

MODIS（2000~2016 年），经过影像拼接、投影转换、重采样等预处理工作，植被指数数据集经过辐射校正、几何纠正和图像增强，以及影像拼接、投影转换、重采样等预处理工作；运用 Savitzky-Golay 滤波对原始的植被指数时间序列数据进行平滑处理，去除其异常值；采用最大值合成法（maximum value Composite，MVC）获取 NDVI 和 LAI 月、年值数据，减少了云、大气、太阳高度角等的影响。

2. Landsat 植被数据

TM 影像的空间分辨率为 30 m，共含有 7 个波段，该影像信息量丰富，在农、林、水土、地质、地理、测绘、区划、环境监测等领域有广泛的应用。2013 年 2 月 11 日发射的 Landsat 系列最新卫星 Landsat8，携带有 OLI 陆地成像仪和 TIRS 热红外传感器，Landsat8 的 OLI 陆地成像仪包括 9 个波段，包括了 ELANDSAT+传感器所有的波段，为了避免大气吸收特征，OLI 对波段进行了重新调整，比较大的调整是 OLI Band5（0.845~0.885 μm），排除了 0.825 μm 处水汽吸收特征；OLI 全色波段 Band8 波段范围较窄，这种方式可以在全色图像上更好区分植被和无植被特征；此外，还有 2 个新增的波段：蓝色波段（band1；0.433~0.453 μm）主要应用海岸带观测，短波红外波段（band9；1.360~1.390 μm）包括水汽强吸收特征，可用于云检测；近红外 band5 和短波红外 band9 与 MODIS 对应的波段接近。

遥感影像数据的预处理工作包括辐射定标和大气校正。Landsat 数据只有在完成辐射定标和大气校正过程之后才能真实反映地物的真实光谱特征。

获取的遥感数据中的数字量化值（DN）通过辐射定标过程转化为地物辐射亮度值或者反射率等物理量。本书采用绝对定标方法，利用 ENVI 软件中的通用辐射定标工具，自动读取 Landsat 数据中的参数数据，完成辐射定标。图 9-3 为对原始遥感影像完成定标的结果。

电磁波在遥感传感器与地球表层传播过程中受大气的影响很大，导致电磁波的属性、强度及空间分布等发生很大变化，因此在完成定标后，Landsat 影像还要进行 Flaash 大气校正得到地物真实反射率值，才能进行后续的植被指数计算。本书所使用的 Flaash 大气校正工具是 ENVI 软件中提供的一种大气校正工具。Flaash 大气校正的结果包括地表反射率、图像内的能见度文件、卷云与薄云的分类图像、水汽含量数据。图 9-4 为 Landsat 影像 Flaash 大气校正结果。

3. 降雨数据

利用研究区内站点站号，通过 IDL 编程提取出研究区间内气象站点的月降水量数据。由于气象因子存在空间不均匀性，同时为了逐像元地分析降雨因素对黄河未控区来水量的影响，采用反距离权重插值法将研究区气象站点实测降水数据插值为与 MODIS NDVI 数据集相同的空间分辨率栅格影像，获得每一个像元的降水数据。

考虑到降雨指标对研究区产流产沙的影响特征，本书选取的降雨指标包括年降水量、

图 9-3　Landsat 影像定标处理结果

图 9-4　Landsat 影像 Flaash 大气校正结果

汛期降水量以及量级降雨。其中,量级降雨指雨量站日降雨量大于 10 mm、25 mm、50 mm 和 100 mm 的年降雨总量,分别定义为中雨、大雨、暴雨和大暴雨,分别用 P_{10}、P_{25}、P_{50} 和 P_{100} 表示,单位为 mm。量级降雨不仅反映了降雨总量对产流的影响,同时体现了降雨强度对区域产流的影响。

逐年统计各雨量站的年降水量、汛期降雨量、P_{10}、P_{25}、P_{50} 和 P_{100},然后根据雨量站控制面积进行加权平均,即得到各水文分区的面平均降雨量,计算公式如下(以 P_{50} 为例):

$$P_{50} = \frac{\sum_{i=1}^{n} P_{50i} f_i}{F} \quad (i = 1,2,\cdots,n) \tag{9-9}$$

式中:F 为水文分区的总面积;P_{50i} 为单站日降雨量大于 50 mm 的年降雨总量;f_i 为单站控制面积;i 为雨量站编号;n 为区内的雨量站个数。

4. 土地利用数据

土地利用数据类型包括耕地、林地、草地、水域、城乡工矿居民用地和未利用土地6个一级类型。并对不同土地利用类型进行了编码分类，如表9-1所示，时间包含1978年、1990年、1998年、2000年、2005年、2010年、2015年和2018年。

表9-1 土地利用类型分类及编码

一级分类	二级分类
1 耕地	11 水田(111 山区水田;112 丘陵区水田;113 平原区水田;114 >25 °坡度区的水田) 12 旱地(121 山区旱地;122 丘陵区旱地;123 平原区旱地;124 >25 °坡度区的旱地)
2 林地	21 有林地;22 灌木林地;23 疏林地;24 其他林地
3 草地	31 高覆盖度草地;32 中覆盖度草地;33 低覆盖度草地
4 水域	41 河渠;42 湖泊;43 水库、坑塘;44 冰川和永久积雪地;45 海涂;46 滩地
5 城乡工矿居民用地	51 城镇用地;52 农村居民用地:指镇以下的居民点用地;53 建设用地
6 未利用土地	61 沙地;62 戈壁;63 盐碱地;64 沼泽地;65 裸土地;66 裸岩石砾地;67 其他

利用ArcGIS中的栅格数据分析模块，提取研究区分别计算每种类型占流域面积的比例，作为影响要素投入模型中进行计算。

5. 社会经济数据

在社会科学研究中，使用最多的夜间灯光数据，由美国国防气象卫星计划(defense meteorological satellite program，DMSP)一系列气象卫星观测所得。1976年，该计划发射的F-1卫星上首次搭载OLS传感器(operational linescan system，不是ordinary least squares)。该传感器具有较高的光电放大能力，可探测到城市夜间的灯光、火光乃至车流等发出的低强度灯光，因此这一系列夜间灯光作为人类活动的表征，可以成为人类活动监测研究良好的数据来源。以上灯光数据的分析单位为像素或栅格，如果利用行政区划的矢量数据对灯光数据进行处理，则可以对研究区单元进行实证分析。

ArcGIS和QCIS等地理分析工具都可以对带有数据信息的影像资料进行处理，这些影像数据要呈现的资料数据是影像中每个像素的像素值。有些时候，我们需要找出在特定地点的像素值，或是把某个区域的所有像素一同囊括以进行后续分析。这些功能在QGIS中可以透过两个附加元件来达成，分别是Point Sampling Tool和Zonal Statistics plugin。以稳定灯光数据作为原始数据，对研究区的矢量图进行边界裁剪，将得到的栅格数据与灯光数据进行叠加，计算各城市(或地区)的DN平均值(DN总值/栅格数)，即灯光亮度或灯光均值。

由于TIF栅格数据特征的复杂性和特殊性，插值后的降雨栅格数据、植被指数、土地利用、蒸散发、DMSP夜间灯光等遥感数据，无法直接应用在模型中，因此需要对原始数据做特征工程处理。利用Python中强大而全面的数据处理分析站点(包括栅格格式的流域数据)进行数据转换，将这数据转换为能够应用到集成算法中的文本格式，部分结果如

表 9-2 所示。

表 9-2　NDVI 数据转换部分成果

lon	lat	NDVI2007	NDVI2008	NDVI2009	NDVI2010
104.705	36.545	0.364	0.243 5	0.265 9	0.217 7
104.705	36.535	0.365 6	0.248 5	0.265 7	0.226 1

9.2.1.3　数据聚类分析及融合处理

植被覆盖分布具有很强的地理空间属性特征,产生不同下垫面类型,这使降雨作用在下垫面上产流效果也会有很大的区别,因此对表征植被覆盖的 NDVI 数据进行空间聚类分析将会显著提高模型的精度和性能。

GeoDa 是一个设计实现栅格数据探求性空间数据分析(ESDA)的软件工具,其中封装了多种空间自相关方法进行空间数据分析,比如自相关性统计和 K-means 聚类等,通过 GeoDa 软件将转换格式后的 NDVI 按照值大小、纬度、经度 3 个变量聚类,使流域被划分为不同的子区域,并将分类后的结果保存为文本格式。

通过 Python 中机器学习站点包 sklearn 将转换格式后的降雨数据、土地利用、蒸散发、DMSP 夜间灯光数据与分类后的 NDVI 数据进行匹配,构建 2001~2019 时间步长为 1 d 的来水量影响要素数据集,并与时间相对应的流域把口站的来水量数据组成初始数据集合数据,作为黄河未控区来水量智能预测模型的特征因子。

9.2.1.4　算法环境

本书全部代码都基于 Python 语言编写而成,Python 是由荷兰国家数学和计算机科学研究所的 Guido van Rossum 在 20 世纪 80 年代末和 90 年代初设计出来的,Python 是一个高层次的结合了解释性、编译性、互动性和面向对象的脚本语言。其具有很强的可读性,相比其他语言经常使用英文关键字、其他语言的一些标点符号,它更有特色语法结构。Python 是一种解释型交互式语言:这意味着开发过程中没有了编译这个环节,类似于 PHP 和 Perl 语言。同时,Python 是面向对象语言:这意味着 Python 支持面向对象的风格或代码封装在对象的编程技术。

编译器采用的是 Jupyter Notebook,Jupyter Notebook 是基于网页的用于交互计算的应用程序,其可被应用于全过程计算(开发、文档编写、运行代码和展示结果)。编程时具有语法高亮、缩进、tab 补全的功能。可直接通过浏览器运行代码,同时在代码块下方展示运行结果。以富媒体格式展示计算结果。富媒体格式包括 HTML、LaTeX、PNG、SVG 等。对代码编写说明文档或语句时,支持 Markdown 语法。支持使用 LaTeX 编写数学性说明。

使用 LSTM 算法需要预先通过 Anaconda prompt 以 pip install LSTM 命令将算法模块安装到 Jupyter Notebook 编译器中,同时通过 import 命令进行方法调用。

9.2.1.5　模型超参数设置

交叉验证与网格搜索是机器学习中的 2 个非常重要的超参数优化工具,在研究中,预先审定为模型各超参数设定调整范围,网格搜索(grid search)循环过程是在每个参数组合的网格里遍历计算,结合交叉验证函数(cross validation)得到最佳参数组合。

经过网格搜索函数以及交叉验证方法进行超参数寻优，本书将 LSTM 算法初始权重采用随机均匀分布，batch_size（每次参与训练的样本数量）为 512，epochs（训练次数）为 50，选取 mse（mean squared error，均方误差）作为损失函数，RMSProp 作为优化器。Sigmoid 函数为激活函数，Sigmoid 函数如图 9-5 所示。

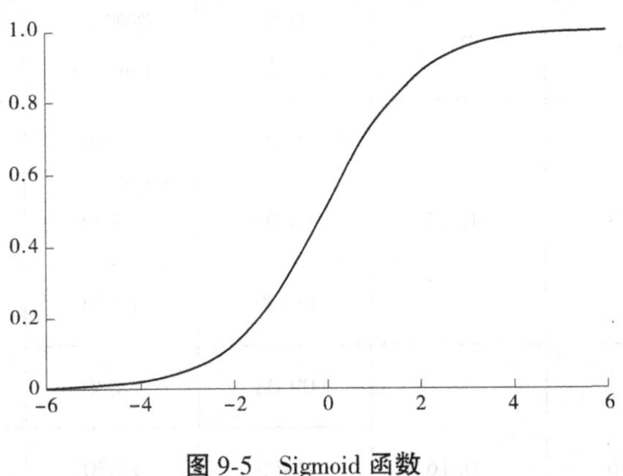

图 9-5　Sigmoid 函数

9.2.2　结果分析

为了客观地反映 LSTM 模型在流域径流预测中的准确度，将融合后的 NDVI 数据和降雨数据及土地利用、蒸散发、夜间灯光数据作为自变量，相同时期沁河及伊洛河流域未控区来水量数据作为因变量，并且对所有数据进行标准化处理，选取径流过程较丰富的 2003 年伊洛河、沁河洪水过程作为测试集，其余的数据作为训练集。

伊洛河流域黑石关站径流预测结果如下：LSTM 模型在第 52 次训练迭代趋于稳定，损失函数值在 0.09~0.10。将训练得到的模型应用到测试集，结果如图 9-6 所示。

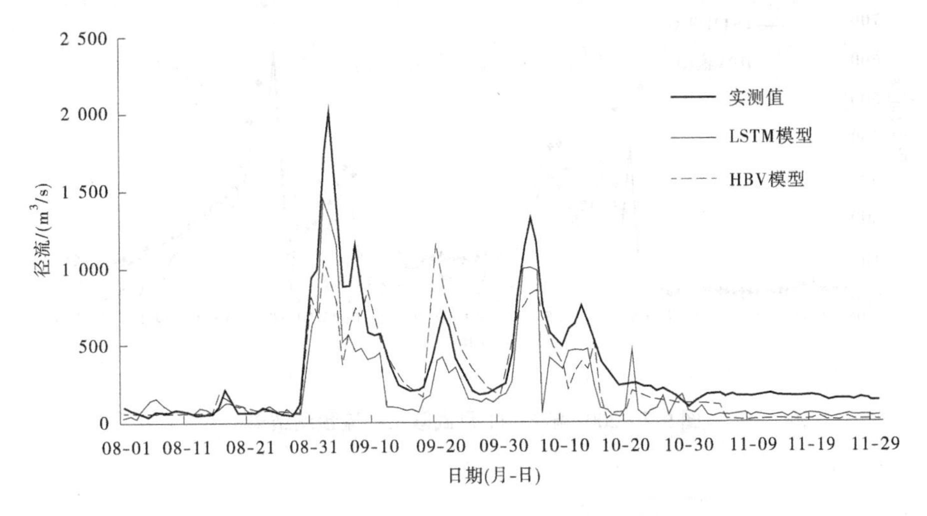

图 9-6　2003 年 8~11 月黑石关站径流预测结果

伊洛河黑石关站 2003 年最大流量为 9 月 3 日的 2 030 m^3/s，在 2003 年 8～11 月期间还出现多次超过 1 000 m^3/s，包括 9 月 2 日 1 730 m^3/s、10 月 5 日 1 330 m^3/s，峰值预测结果如表 9-3 所示。

表 9-3　伊洛河黑石关站峰值预测结果

	NSE	RE	日期（月-日）	观测值/（m^3/s）	预测值/（m^3/s）	相对误差
LSTM 模型	0.53	-0.37	09-03	2 030	1 323	0.34
			10-05	1 330	1 001	0.24
			09-02	1 730	1 462	0.15
HBV 模型	0.46	-0.16	09-03	2 030	914	0.55
			10-05	1 330	1 031	0.22
			09-02	1 730	1 161	0.32

2003 年 8～11 月期间，沁河武陟站流量出现多次较大的洪峰流量，包括 10 月 12 日武陟站 2003 年最大流量 839 m^3/s（见图 9-7），以及 8 月 28 日出现的 504 m^3/s 和 10 月 15 日出现的 451 m^3/s。峰值预测结果如表 9-4 所示。

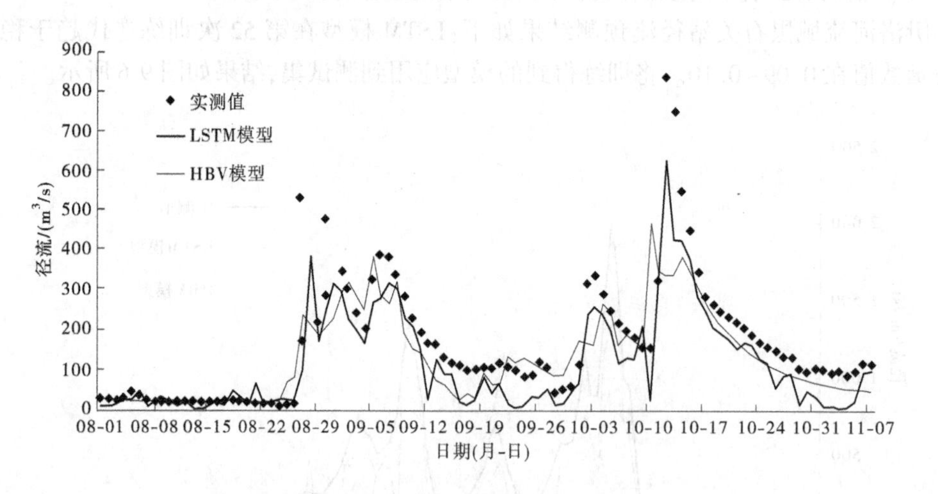

图 9-7　2003 年 8～11 月武陟站径流预测结果

表 9-4　沁河武陟站峰值模拟结果

	NSE	RE	日期(月-日)	观测值/(m^3/s)	预测值/(m^3/s)	相对误差
LSTM 模型	0.63	-0.24	10-12	839	630	0.24
			08-28	504	390	0.22
			10-15	451	380	0.15
			09-06	392	339	0.13
HBV 模型	0.56	-0.27	10-12	839	342	0.59
			08-28	504	214	0.57
			10-15	451	342	0.24
			09-06	392	290	0.26

从伊洛河和沁河 2003 年洪水过程模拟结果可以看出,在非汛期,基于集成学习的长短期记忆网络(LSTM)模型和传统水文模型——HBV 模型都可以较好地模拟径流,特别是基流过程。但 HBV 模型对两个流域“尖瘦型”洪水的预报能力明显不足,从 NSE、RE 及峰值相对误差等结果可以看出,LSTM 模型相比 HBV 模型可以更稳定准确地模拟洪水过程。

9.3　黄河主要产沙区输沙量预测模拟

黄河主要产沙区入黄沙量变化引起了国内外有关专家的高度关注,特别是针对黄河近期入黄沙量变化的原因,黄委及相关单位开展了大量研究,然而由于黄河流域产沙区地域宽广,地形地貌复杂,影响入黄沙量变化因素较多,有必要依据最新的水文及下垫面植被等基础资料,采用大数据与机器学习算法相结合的输沙量计算模拟方法,计算不同降雨条件下黄河主要产沙区入黄沙量大小,为黄河治理开发与保护提供技术支撑。

本书利用雨量、雨强、下垫面植被等指标,构建黄河主要产沙区的代表性降雨系列,构建降雨-产沙模型,将下垫面植被数据、全年、汛期、P_{10}、P_{25}、P_{50} 等降雨指标作为降雨-产沙计算模型的输入特征,以历史数据系列作为训练数据,通过将历史时间序列降雨数据均值作为气象强制条件输入各流域已经训练好的模型中,计算 1966~1979 年(降雨较丰)、1981~2000 年(降雨较枯)、2001~2009 年(暴雨较少)、2010~2019 年(现状时期)降雨条件下输沙量现状下垫面植被条件下不同区间的输沙量。解析不同时期降雨和非降雨因素对入黄沙量的影响,计算不同时期降雨条件下黄河主要产沙区入黄沙量大小,支撑黄河治理开发与保护。

9.3.1　主要产沙区边界及数据

研究区域如图 9-8 所示,黄河流域潼关以上区域,涉及上游洮河、湟水、祖厉河、清水河等,河龙区间有水文站控制的皇甫川、孤山川、窟野河、秃尾河、佳芦河、无定河、清涧河、延河、汾川河、仕望川、红河、偏关河、县川河、朱家川、岚漪河、蔚汾河、湫水河、清凉寺沟、三川河、屈产河、昕水河、州川河、鄂河等 23 条支流及其未控区,龙潼区间的汾河(河津以上)、北洛河(刘家河以上)、泾河(景村以上)、渭河(拓石以上)等子流域,基本覆盖黄河上中游主要产沙影响的全部区域。

图 9-8　研究区范围

9.3.1.1　降雨资料

黄河流域自 20 世纪 20 年代前后开始布设雨量站,至 40 年代末共布设雨量站不到 80 个,后随着经济社会发展,雨量站布设密度不断加大。1966 年和 1977 年,黄河流域曾两次大规模增加雨量站数量,黄河中游河龙区间、龙潼区间 1966 年共增加约 100 个雨量站,1977 年共增加约 180 个雨量站。2000 年以后,黄河流域内布设的雨量站已超过 2 000 个。

雨量资料来源为水文年鉴,可靠性较高,资料系列为 1954~2018 年,区域为黄河流域唐乃亥至潼关区间。在雨量站布设密度方面,唐河区间雨量站相对较稀疏,雨量站密度较小,平均单站控制面积 591 km^2;河龙区间、龙潼区间雨量站较稠密,平均单站控制面积分别为 241 km^2、219 km^2。

9.3.1.2　输沙量资料

本书采用的干支流主要水文站水沙资料整编情况见表 9-5。收集的水沙资料主要是研究区域干支流水文站输沙率数据,数据均来自水文部门刊印的水文年鉴、黄委和相关省(区)水文部门数据库。

表 9-5　黄河主要水文站水沙资料属性信息

河名	站名	建站时间(年-月)	集水面积/km^2
黄河	下河沿	1951-05	254 242
黄河	头道拐	1958-04	367 898
洮河	红旗	1954-01	24 973
大通河	享堂	1939-10	15 126
湟水	民和	1939-10	15 342
祖厉河	靖远	1945-06	10 647
清水河	泉眼山	1945-08	14 480
苦水河	郭家桥	1954-10	5 216
黄河	河曲	1952-01	397 658
黄河	府谷	1971-05	404 039
黄河	吴堡	1935-06	433 514
黄河	龙门	1934-06	497 552
皇甫川	皇甫	1953-07	3 175
孤山川	高石崖	1953-07	1 263
窟野河	王道恒塔	1958-10	3 839
	神木	1951-10	7 298
	温家川	1953-07	8 515
秃尾河	高家堡	1966-05	2 095
	高家川	1955-09	3 253
佳芦河	申家湾	1956-10	1 121
无定河	赵石窑	1941-08	15 325
	丁家沟	1958-10	23 422
	白家川 (川口)	1975-01 (1955-12)	29 662 (30 209)
清涧河	子长	1958-07	913
延水	延川	1953-07	3 468
	延安	1958-07	3 208
	甘谷驿	1952-01	5 891
汾川河	临镇	1958-10	1 121
	新市河	1966-05	1 662
仕望川	大村	1958-10	2 141

续表 9-5

河名	站名	建站时间(年-月)	集水面积/km²
红河	挡阳桥	1977-06	4 732
	放牛沟	1954-09	5 461
偏关河	偏关	1957-07	1 896
县川河	旧县	1976-06	1 562
朱家川	桥头 （后会村） （下流碛）	1989-03 （1955-12） （1978-01）	2 854 （2 901） （2 881）
岚漪河	裴家川	1956-01	2 159
蔚汾河	兴县 （碧村）	1986-02 （1955-11）	650 （1 476）
清凉寺沟	杨家坡	1956-11	283
湫水河	林家坪	1953-07	1 873
三川河	后大成	1956-07	4 102
屈产河	裴沟	1962-06	1 023
昕水河	大宁	1954-10	3 992
州川河	吉县	1958-10	436
鄂河	乡宁	1959-01	328
黄河	潼关	1929-02	682 144
渭河	南河川	1944-04	23 385
	北道	1990-01	24 871
	林家村	1934-01	30 661
	魏家堡	1937-05	37 012
	咸阳	1931-06	46 827
	华县	1935-03	106 498
泾河	杨家坪	1956-06	14 214
	景村	1963-03	40 281
	张家山(二)	1932-01	43 216
北洛河	刘家河	1958-09	7 325
	交口河	1952-01	17 180
	洑头	1933-05	25 645
汾河	兰村	1943-05	7 705
	义棠	1958-04	23 945
	河津	1934-06	38 728

9.3.1.3 植被资料

本书采用的植被遥感数据 MOD13Q1 为 NASA 网站免费下载，时间范围为 2000 年 2 月至 2019 年 12 月。MOD13Q1 遥感影像数据是由美国对地观测计划 EOS/Terra 卫星携带的中分辨率成像光谱仪 MODIS 获取的采用正弦曲线投影 SIN 方式的 3 级网格数据产品，具有 250 m 的空间分辨率和 16 d 的时间分辨率，单景影像覆盖面积为 1 200×1 200(km^2)，数据采用格式为 HDF-EOS。原始影像通过 MRT 工具统一进行投影拼接转换，转换为 UTM 投影，坐标系为 WGS84 坐标，并利用主要产沙区各流域矢量边界对处理后的数据进行裁剪。为了消除云层、大气与太阳高度角等的干扰影响，将每年 NDVI 数据采用最大值合成法(MVC, Maximum value composites)进行合成，获得 2000~2019 年的 19 幅植被影像。

9.3.2 结果分析

本书利用机器学习中长短期记忆网络算法(LSTM)，构建黄河主要产沙区降雨-输沙智能计算模型，利用主要产沙区各支流训练数据集(2000~2015 年)对模型进行迭代训练，并利用验证数据集(2016~2019 年)对模型进行验证。

黄河主要产沙区上游洮河、湟水、祖厉河、清水河 4 个流域模型训练及测试结果如图 9-9 所示，其中湟水模型在验证数据集上的表现最差，平均相对百分比误差为 26.9%；祖厉河模型在验证数据集上的表现最好，平均相对百分比误差为 21.8%。

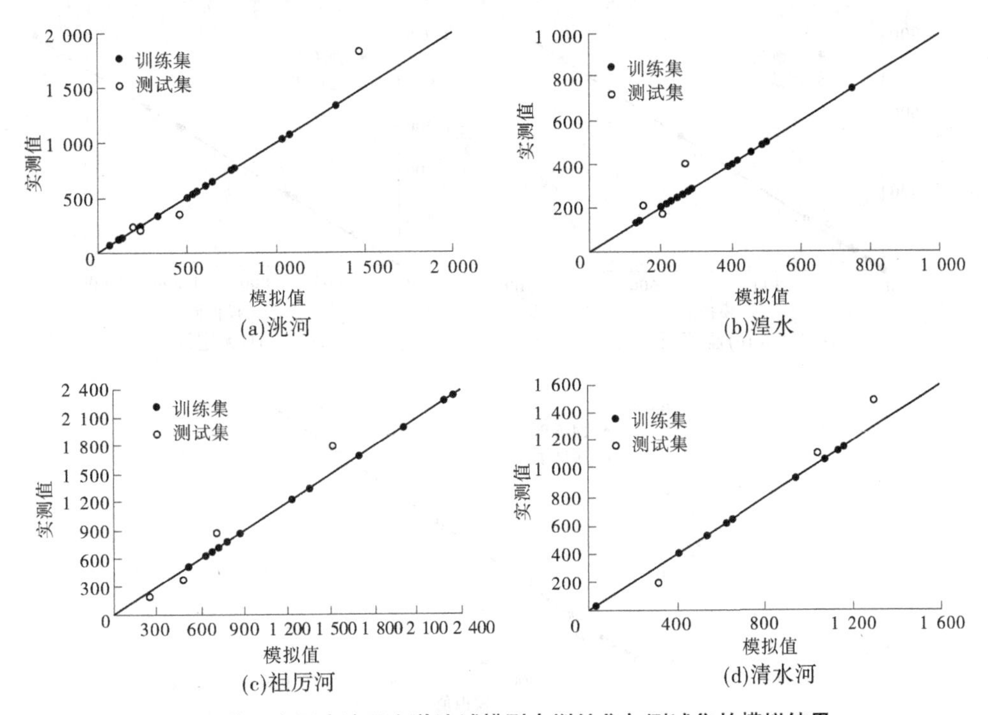

图 9-9 黄河主要产沙区上游流域模型在训练集与测试集的模拟结果

黄河主要产沙区河龙区间子流域模型训练及测试结果如图 9-10 所示，其中无定河模型在验证数据集上的表现最差，平均相对百分比误差为 44%；窟野河模型在验证数据集上的表现最好，平均相对百分比误差为 13.4%。

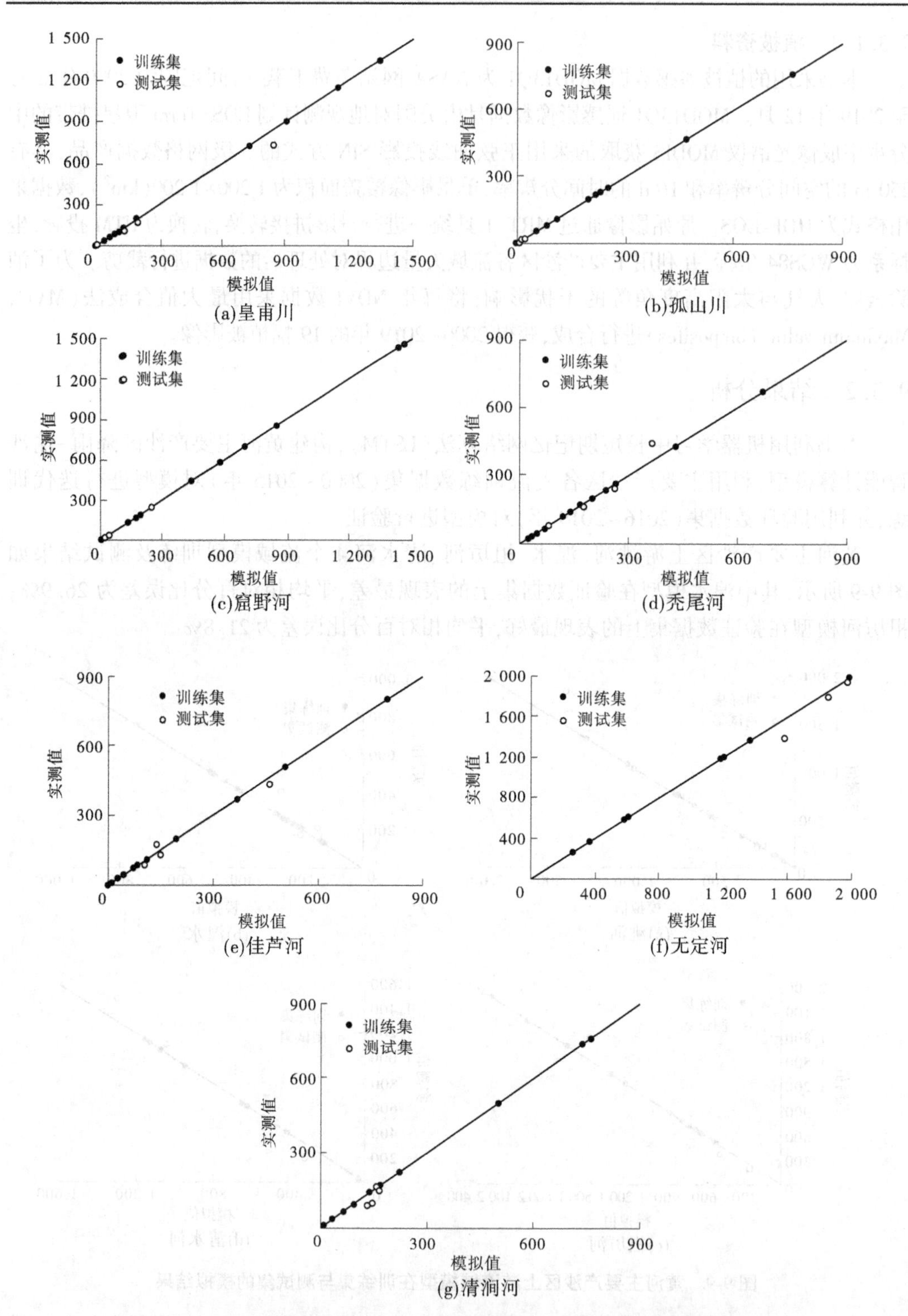

图 9-10 黄河主要产沙区河龙区间子流域模型在训练集与测试集的模拟结果

黄河主要产沙区龙潼区间子流域模型训练及测试结果如图 9-11 所示，其中泾河模型在验证数据集上的表现最差，平均相对百分比误差为 24%；渭河模型在验证数据集上的表现最好，平均相对百分比误差为 17%。

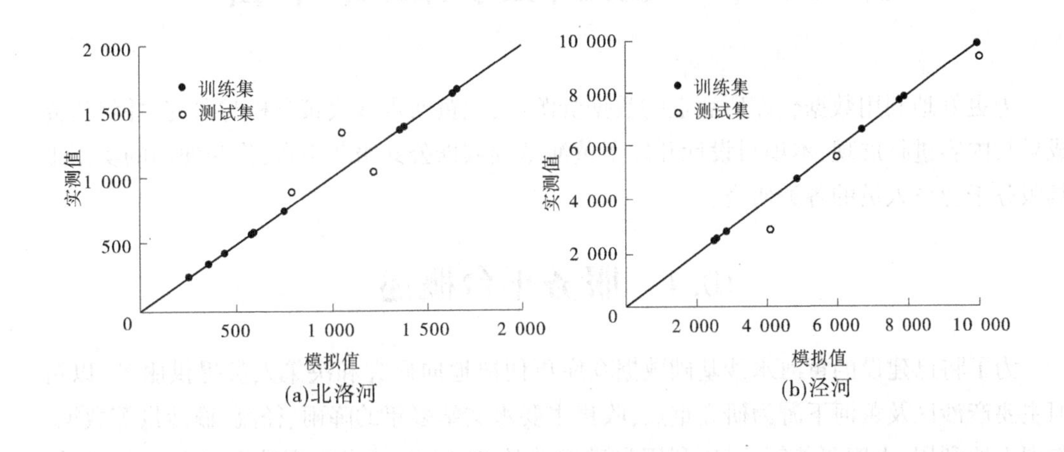

(a)北洛河　　(b)泾河

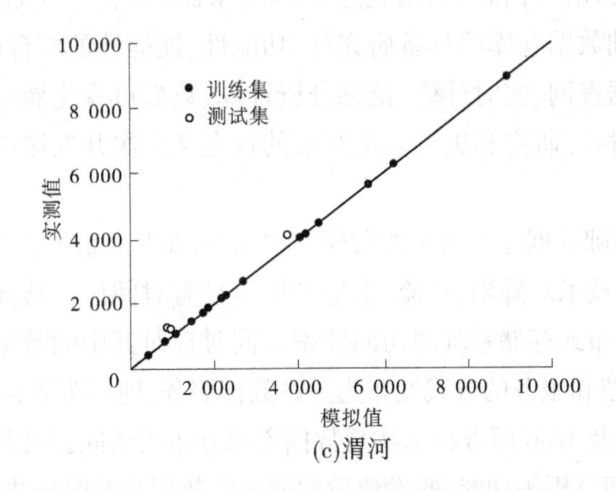

(c)渭河

图 9-11　黄河主要产沙区龙潼区间子流域模型训练与测试结果

9.4　本章小结

本章基于长短期记忆网络算法，构建了黄河主要产沙区无定河及祖厉河的降雨-径流模型，模型在两个流域测试集上纳什效率系数超过 0.85，两个流域径流预报结果基本反映了洪水涨落过程，洪水场次及峰形符合较好，在模型中考虑每个子区域前 7 d 的降雨量能使 XGBost 径流量预测模型性能得到一定的提高；利用主要产沙区 2000～2019 年水沙数据仓库资料以及长短期记忆网络算法，构建黄河主要产沙区降雨-输沙模型，计算不同降雨场景、2019 年植被条件下黄河主要产沙区的输沙量，模型在黄河主要产沙区各支流验证数据集平均相对百分比误差均在 20%以内。2019 年植被条件下模型计算值分别为 0.1 亿 t、0.03 亿 t，植被条件改善具有明显的减沙作用。

第 10 章 数据公共服务平台

为更好地利用数据仓库所涵盖的数据资源,实现黄河水沙决策分析与研究,并将研究成果与内容进行展现,本项目设计开发了黄河基础数据公共服务平台,作为便利的实用工具服务于业务人员的各类研究。

10.1 服务平台概述

为了将已建设的黄河水沙基础数据仓库更便捷地向研究和决策人员提供服务,以黄河主要产沙区及黄河下游为研究重点,收集主要水文站多年的降雨、径流、输沙量等数据,整理土地利用、土壤覆盖等信息,利用先进成熟的 WebGIS 技术实现数据发布与服务,构建面向黄河水沙基础数据仓库的具备研究性、功能性、便捷性的综合服务平台。该服务平台集合了多维度数据查询、实时计算、挖掘分析计算、数据可视化展示、地理信息展示等多项常用功能,以及为特定研究和决策人员开放的自定义二次开发接口,切实服务于黄河水沙变化基础研究。

由于黄河水沙基础数据仓库当中的数据类型众多,在开发数据公共服务平台的过程中,研究了利用数据压缩技术对降雨、径流、土地利用等具有时间序列特征的数据进行处理,提高针对数据仓库的分布式存储系统的访问效率。同时针对其中的数据资源进行分类,根据数据特点,以 API 封装和服务的方式发布为关系数据服务、地图服务和影像服务。利用成熟稳定的 GIS 网络平台及 Web 服务技术实现数据资源分布式访问,并提供不同权限的数据浏览、查询、可视化、空间分析等功能,研发建设黄河水沙数据公共服务共享平台。

(1)黄河水沙海量数据的规模化存储处理。黄河水沙数据主要有气象、水文、植被、土壤、土地利用、社会经济等,具有分布广、时间序列和数据信息丰富的特点,有的数据还存在空间和属性上的关联关系。如何建立有效的数据模型,厘清数据的空间和时间属性,减少数据冗余,并考虑数据之间的相互关系是实现黄河水沙数据发布和服务的基础和前提。

(2)黄河水沙海量数据资源的自动化发布。黄河水沙数据量大、种类多,对时效的要求也比较高。传统的数据发布方法是通过人工分类数据,定义数据的颜色、符号、字体、版式、图例等信息,再利用相关工具将数据发布为某一种资源。在数据种类多且时效性要求高的情况下,如何实现数据资源的自动快速发布是建立水沙数据共享平台的关键。

(3)黄河水沙数据资源的查询分析与可视化。不同种类和特征的黄河水沙数据资源需要不同类型的数据表达方式,这些数据表达方式主要有空间几何信息的浏览查询、属性信息的浏览查询、空间位置的定位分析,以及基于图表的数据表达等。在分析数据特征的基础上,实现不同类型数据的服务和可视化方式,最大程度上为用户提供优质的服务体验是水沙数据共享平台可持续运行的重要研究内容。

10.2　平台架构设计

数据公共服务平台采用.NET框架开发，作为基础框架开发，搭配MS SQL Server数据管理与Citrix Xen云资源管理，组建成为一整套包括用户体验端、数据供给端、资源服务端的完备基础数据应用系统。形成了PC端与移动端的同步界面适配，多重网络环境下的多资源适配，结构数据与非结构数据的存储与管理适配的技术框架，实现了B/S架构体系下基于GIS的黄河水沙数据公共服务平台。

10.2.1　系统架构特点

10.2.1.1　系统安全与扩展

考虑到黄河水沙数据共享平台性、可靠性需求，在系统设计中，应充分注意系统的安全性和可靠性，采用多种安全防范技术措施，保障系统的信息安全及系统的长期可靠运行。在进行系统总体规划时，选择先进和成熟的技术作为整个系统的技术架构，以保证系统有不断发展和扩充的余地，同时在系统设计时要充分考虑系统运行性能。

扩展性和适应性是系统升级前要考虑的另一个主要因素，系统在设计时充分考虑到实际系统在今后的工作发展而产生的升级需求，尽量在原代码基础上保证容易适应、容易修改和升级的目标。

10.2.1.2　系统界面

系统使用B/S结构（浏览器/服务器），B/S是一种先进的网络应用技术，也是配合Internet/Intranet建设的最佳方案，这种技术平台方案最大限度地方便了用户部署和维护大型软件系统。采用目前安全性能高、扩展性好、框架技术完善的C#语言作为系统开发的语言。

10.2.1.3　开发框架

后端采用.NET Core 2.1框架技术，.NET Core是一个新的开源和跨平台的框架，用于构建如Web应用、移动后端应用等连接到互联网的基于云的现代应用程序。采用页面显示与地理信息系统相结合的方式进行GIS前端显示层开发，以实现高性能和高可用性，在所有主要桌面和移动平台均能实现高效运行，结合浏览器HTML5和CSS3的优势，并支持旧版本浏览器访问和插件扩展。

10.2.2　系统架构设计

系统基于SOA架构设计，整体划分为不同组件或者应用服务，支持分布式的部署及扩展，并通过Nginx组件实现负载均衡。根据逻辑关联划分为表现层、应用层和数据层。表现层负责系统与用户或者外部系统交互；应用层服务于表现层，主要实现业务逻辑处理满足表现层的需求;数据层负责系统数据的存储。

10.2.2.1 表现层

表现层主要负责为用户和外部系统提供交互场景,具体提供系统可操作 Web 功能、数据交换程序或者数据接口,满足不同的场景使用。Web 主要用 React 技术实现,React 是一个全新思路的前端 UI 框架,它完全接管了 UI 开发中最为复杂的局部更新部分,擅长在复杂场景下保证高性能;同时,它引入了基于组件的开发思想,从另一个角度来重新审视 UI 的构成。通过这种方法,不仅能够提高开发效率,而且可以让代码更容易理解、维护和测试。Data Interface 主要基于 http 协议,用 Web API 技术实现。

10.2.2.2 应用层

应用层是系统逻辑计算的实现,提供服务接口给表现层使用。此两层之间通信基于系统内部局域网 TCP/IP 协议,提高了数据传输效率。根据应用服务职责不同,将应用层分为两大类,分别为业务应用服务和基础应用服务。业务应用服务实现业务需求的功能服务,比如用户、地图的管理功能等。基础应用服务实现系统基础公用的功能服务,如日志服务、缓存服务、用户认证服务功能等。本系统应用服务一般使用.NET 平台的通信框架 ORM 技术实现,个别其他组件除外,比如 MQ 组件、Redis 缓存组件。

10.2.2.3 数据层

数据层主要负责系统数据存储、同步、缓存和备份管理。本系统数据分为结构化数据和非结构化数据。对于结构化数据使用 MSSQL2010 以上数据库存储,基于 MSSQL 复制同步的机制,可以实现数据读写分离,优化数据层面。对于本系统业务日志数据的存储选型,由于考虑到业务日志数据结构多样化、数据量较大,所以选用 Microsoft 的 SQL Server 技术,同时系统采取了缓存的机制提升性能,选用 Redis 缓存组件实现数据缓存存储。对于非结构化数据存储,如文档、图片等数据,本系统基于 Windows 平台 NTFS 文件系统实现文档存储和读写功能。

10.3 平台功能介绍

10.3.1 雨量站查询

针对雨量站信息的查询需求,服务平台开发了“数据发布”“数据查询”“数据挖掘分析”“后台管理”等功能,并且适配移动终端操作。针对降雨摘录数据与日降雨数据不同的数据结构,实现了时间范围、空间范围、参数选择的匹配查询。通常情况下研究人员只需要在查询过程中输入少量的站点信息,表单会自动匹配推荐合适的站点信息用于辅助查询。图 10-1 所示为雨量站查询功能操作流程。

10.3.2 多条件查询

随着服务平台的数据累积,将产生大量的文件和数据。如果单从一个维度对数据进

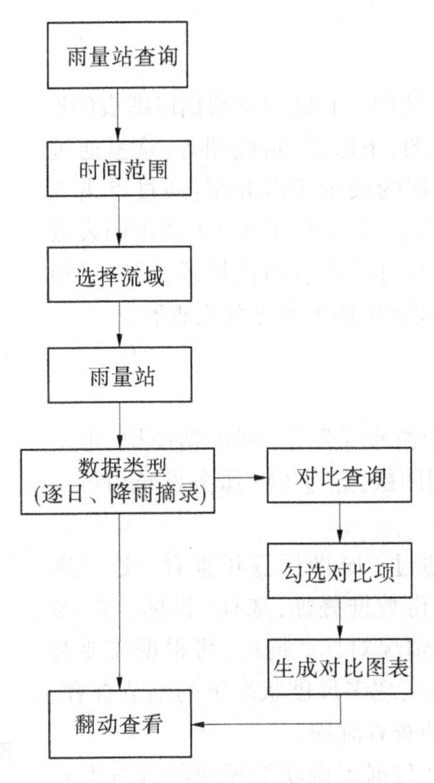

图10-1　雨量站查询功能操作流程

行查询,很难查询出有效的数据,给数据分析也带来困难。要更有效率地把数据组织起来,就必须建立与数据特点相匹配的条件查询。系统内部对数据进行钻取、切片、特征点提取等分析操作,改变了原有数据维度的层次、变换分析的粒度、增加分析维数。从不同维度查询水沙数据,从而有效、高效地进行查询和分析。同时,在服务平台内置的多项查询功能模块,已按照数据特点和维度设置了多条件查询,其中包括了时间范围查询、空间范围查询、数值区间查询。图10-2为多条件查询流程和多条件查询功能界面。

10.3.3　位置查询

水文站或雨量站除数据维度查询功能外,还可以利用点击查询的方式查询数据。在划定的区间范围内,依据不同的卫星图层信息,通过查询条件根据数据维度查询站点和数据的地理坐标在ArcGIS地图中标绘出站点所在的大致位置。通过选择雨量站点在地图上的标注,即可显示出站点信息及所存储数据的信息等,在显示的对话框中,可以通过【详情】链接来查看该站点的所有数据分类及数据信息。

本次操作显示了该雨量站根据不同年份维度的雨量数据,也可以选择任一年份,通过对雨量数据的分析,根据数据维度使用二维图表渲染出该站雨量,以数据列表的方式显示雨量信息。

10.3.4　数据展示

数据展示功能能够将系统内所有结构化数据以图表的形式进行展示，其中包括柱状图、条形图、折线图等，这里通过对日降雨数据、降雨摘录数据的展示予以介绍：通过点击查询结果所列出的图表功能，点击“图表”可弹出该数据图表效果，多选则显示多个数据表与对应图表对比展示，同时可根据时间区间的需要，框选区间范围内的数据放大查看。

10.3.5　土地利用

利用已经处理的黄河中游水系图层、降雨站图层、水文站图层、土壤图层、土地利用图层，经过 GIS 服务发布为可以在页面端显示的地图。

土地利用数据查询可通过 GIS 图层逐年查看。通过选择年份数据，可显示不同年份数据叠加，选择“目标”与“参考”两项可实现两个年度的情况对比。同时，可根据需要对图例进行放大、缩小操作，以实现多尺度状态下的细节查看。如图 10-3 为土地利用数据的查看流程。

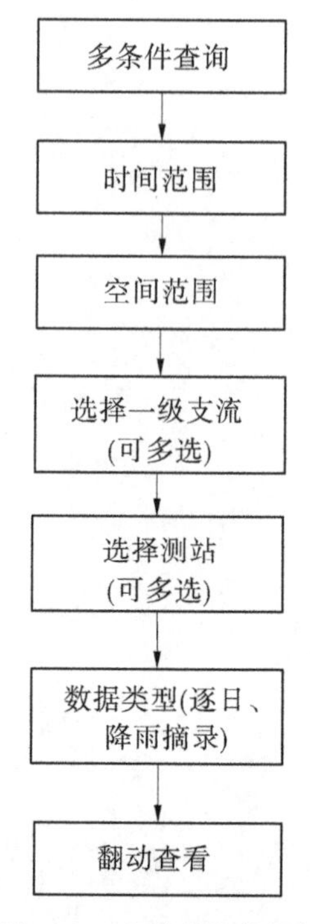

图 10-2　土地利用数据的查看流程

在土地利用和植被盖度数据查询功能模块的查看模式下，可以选择卷帘模式、双图模式对历年数据清楚地实现详细数据对比。依据不同专业的业务需要，系统同时提供了不同的图例设定，在后台功能当中可通过自定义图例颜色或图标进行设置。

10.3.6　水沙计算

第一步，结合黄河水沙基础数据仓库中的林草有效覆盖率、易侵蚀区面积以及量级降雨指标 P_{25} 等数据，将深度学习模型 LSTM（梯度提升树）作为计算核心，将计算单元内上述类型所有历史数据导入 LSTM 模型中进行训练，率定出适用于该计算单元的模型参数，代替传统的统计分析得到的关系式。深度学习可通过学习一种深层非线性网络结构，实现复杂函数逼近和对计算单元径流输沙量的计算。如图 10-4 所示为选定训练数据及计算参数界面。

第二步，将选定计算区间的历史数据，包括降雨、林草覆盖率以及输沙量数据投入模型中进行训练，率定模型参数。如图 10-5 所示为导入训练数据界面。

第三步，进行基于深度学习算法的输沙量计算，选定区间在特定下垫面植被和降雨条件下的输沙量的多少。如图 10-6 和图 10-7 所示，分别为计算模型训练界面、计算结果显示界面。

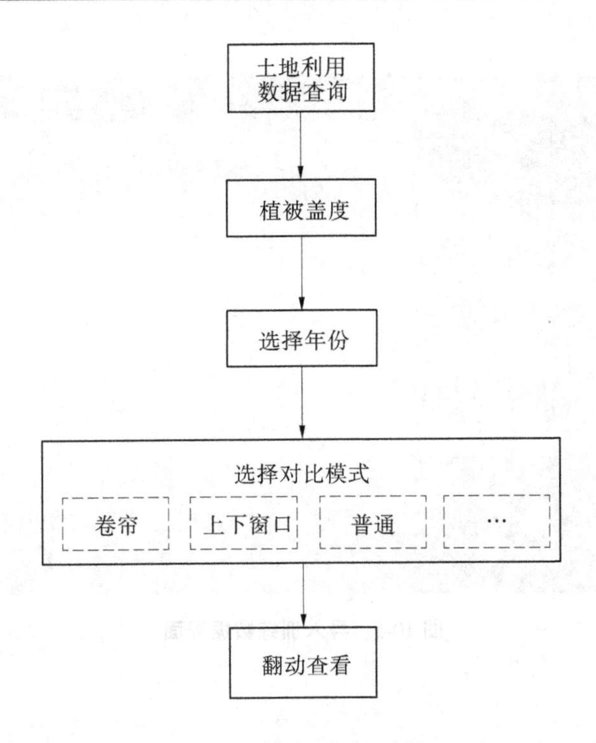

图 10-3　土地利用数据的查看流程

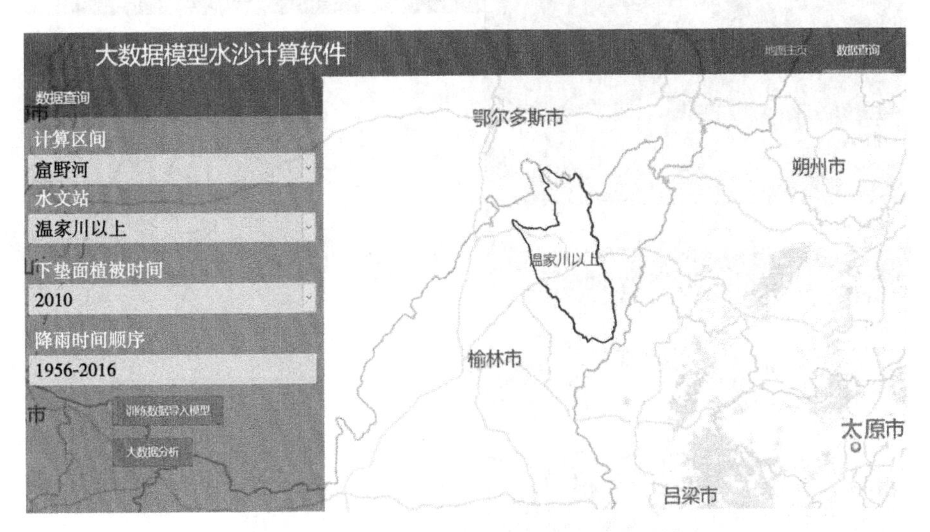

图 10-4　选定训练数据及计算参数界面

图 10-5　导入训练数据界面

图 10-6　计算模型训练界面

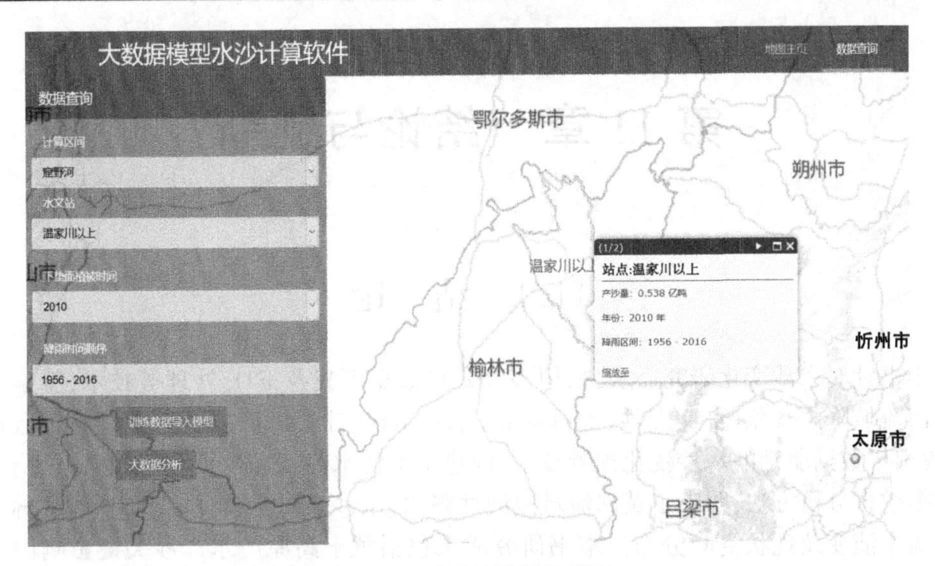

图 10-7　计算结果显示界面

10.4　本章小结

本章详细介绍了黄河水沙数据公共服务平台的设计建设工作以及平台功能，以黄河水沙变化基础数据仓库为基础，利用成熟稳定的GIS网络平台以及Web服务技术，研发了黄河水沙数据公共服务共享平台，利用JavaScript API接口，实现数据资源分布式访问，提供不同权限的数据浏览、查询、可视化、空间分析等功能；基于人工智能水沙计算模型，建立水沙计算模块，实现对不同降雨场景下入黄水沙进行计算。

第 11 章　结论与创新

11.1　结　论

本书针对水沙变化研究需求,采用多源异构数据汇集及 ETL 处理等技术,整编汇集了黄河流域降雨气象、水文泥沙、地理信息、水利工程、社会经济以及科学试验等数据信息,提出了数据驱动的水沙变化预测技术,构建了黄河水沙基础数据仓库及共享平台;基于数据挖掘分析方法,明晰了黄河流域侵蚀性降雨、水沙多时空特征、主要产沙区林草梯田覆盖率演变及现状空间分布。本书研究成果包括黄土高原产水产沙关键影响因子分析、数据仓库和智能模型构建等方面。具体结论如下。

11.1.1　提出了数据驱动的水沙变化预测技术

(1)构建了基于 LSTM 的黄河流域径流智能预测模型。

采用基于 LSTM 的机器学习算法,构建了径流智能预测模型。将融合后的 NDVI 数据和降雨数据以及土地利用、蒸散发、夜间灯光数据作为模型输入特征值,考虑降雨量到流量检测站存在时间传播问题,加入前 7 d 的降雨量,对模型进行改进,在径流预报验证数据集上较 HBV 水文模型性能提高 21%。

(2)提出了基于卷积神经网络(CNN)的多要素气象数据有效特征抽取技术。

利用卷积神经网络(CNN)提取气象数据中局部梯度、局部极值等特征,将其高效学习和组合的结果作为多源气象要素输入,改进了 LSTM 径流预测模型,提出了能够定量评估多参数高效特征学习效果的方法,在黄河 54 个自然流域上纳什效率系数的中位数达到 0.59,相较 SVM、LSTM 径流预报模型,平均纳什效率系数提高超过 30%,改进后的模型径流预报性能有较大提升,为水沙变化预测提供了新途径。

(3)构建了黄河流域现状下垫面输沙量智能计算模型。

根据各个流域输沙量-汛期降雨量 MK 突变检验结果,将 2000~2019 年作为现状下垫面时期。利用各流域 2000~2019 年水沙因子以及极端梯度提升树算法,构建了黄河流域现状下垫面输沙量智能计算模型,模型在各支流验证数据集平均相对百分比误差在 20%以内。

11.1.2　提出了基于二维与三维信息映射的下垫面属性信息提取技术

利用卫星遥感与低空遥感结合提取水沙因子遥感数据,提高了现有土地覆盖类型和植被覆盖度等下垫面属性信息提取精度。

构建了黄河流域像元二分模型,解决了土壤反射等因素对定量反演下垫面植被存在干扰等问题;提出遥感影像相邻图幅递进回归分析模型,有效解决相邻条带时相差异明显区域的植被盖度计算问题,实现对黄河主要产沙区植被盖度快速反演,样本区域经无人机建模验证,反演精度达 90.18%。

基于低空遥感三维模型构建技术,以流域特征为基础,进行立体像对三维建模,获取植被类型、高度、覆盖度和土地利用类型等信息,实现对二维遥感反演的植被与土地利用信息的校核验证。

11.1.3 建立了支撑黄河水沙智能预测的数据仓库及服务平台

针对黄河流域水沙数据特点,基于结构化、半结构化和非结构化等不同数据类型,提出对应 ETL 技术方法,构建了数据仓库。解决了黄河流域海量水沙数据的规模化存储处理难题。首次提出了水沙变化元数据集和数据模型,大幅提升了黄河流域水沙研究中相关数据储存、管理和利用效率。

在流域业务决策主体和主题域分析的基础上,提出了与决策主体相对应的决策信息数据模型,建立了水沙信息模型的多维架构。利用数据集市、存储分区、索引等技术,针对黄河水沙变化数据特点,研发了黄河水沙数据服务平台,实现了对黄河水沙数据统一管理和高效应用。

11.1.4 揭示了黄河流域侵蚀性降雨及水沙变化多时空特征和规律

(1)明确了黄河主要产沙区多种降雨指标空间分布及变化特征。

1966~2019 年黄土高原多年平均降水量为 522.1 mm,黄土高原的年降雨量从西北向东南递增,其值变化在 250~800 mm,西部地区的暴雨占比和雨量明显小于东部。

与多年平均年降水量相比,河龙区间 2010~2019 年偏丰 16.3%,是主要产沙区年降水量偏丰程度最大区域,降雨偏枯主要位于祖厉河及洮河。侵蚀性降雨偏丰主要分布在河龙区间、泾河和清水河流域,偏枯主要位于祖厉河及洮河,河龙区间等区域日降水量大于 25 mm 的大雨和日降水量大于 50 mm 的暴雨占年降水量的比例较高,洮河和湟水流域较低,湟水流域日降水量大于 50 mm 的暴雨占年降水量的比例仅为 1.7%。

(2)明晰了主要产沙区水沙变化特征。

近 10 年与天然年份(1956~1979 年)相比,主要产沙区典型流域年输沙量减少比例均超过 50%,河龙区间减沙显著,其中窟野河温家川水文站控制流域的减沙幅度大于 95%。主要产沙区大部分流域年径流量都有一定的减少,其中渭河甘谷水文站控制流域减水超过 70%,而湟水、清水河、洮河 3 个流域的径流量存在一定程度的增加,洮河李家村至红旗区间径流量增加了 30%。

(3)预测了黄土高原梯田建设布局。

基于全国水土流失动态监测项目坡耕地、梯田空间数据,以及坡度、降雨等因子数据,根据目前坡耕地分布和梯田规划建设条件,初步预测了主要产沙区梯田建设潜力,未来梯田建设主要分布在泾河和河龙区间,分别占 34.22%、22.79%,可建设梯田面积 6 101.55 km^2。

11.2 创新点

(1)构建了基于 LSTM 的黄河径流泥沙预测模型;基于卷积神经网络(CNN)的多要素有效特征抽取技术构建了适用于多要素的智能径流预测模型,提出能够定量评估多参数高效特征学习效果的方法,为水沙变化预测提供了新途径。

(2)提出了基于二维与三维映射的下垫面属性信息提取技术,提高了现有遥感反演水沙因子的精度和效率,解决了基于传统解译手段准确高效地反演和分析黄河流域大范围下垫面属性信息难度大的问题。

(3)建立了支撑黄河水沙智能预测的数据仓库。提出了与决策主体相对应的决策信息数据模型,建立了水沙信息模型的多维架构和元数据体系,研发了黄河水沙数据服务平台,实现了黄河水沙数据统一管理和高效应用。

(4)运用多种数据挖掘技术,揭示了黄河流域侵蚀性降雨及水沙变化多时空特征和规律,为分析林草梯田覆盖率现状及发展格局等提供了技术支撑。

11.3 展 望

本书构建了黄河水沙基础数据仓库及共享平台,为黄河主要产沙区的水沙变化研究提供了坚实的数据基础平台,并结合多种时空数据挖掘分析方法,探索了黄河流域侵蚀性降雨等水沙变化多要素时空变化特征及规律。随着越来越多新数据、新技术的投入运用,将为更加精细、科学地刻画黄河流域水沙变化机制及过程提供方向和手段。

黄河流域水环境复杂,水沙变化过程受地形、土壤、植被、水土保持、淤地坝修建、水库修建等工程建设等下垫面属性的综合影响,准确提取下垫面属性信息将有助于深入理解黄河流域植被、土地利用、工程措施等与水沙变化间的耦合关系。未来需要利用高光谱、高时空分辨率遥感数据,结合不同尺度的野外观测,通过包括基于人工智能的遥感解译与分析等新技术,分析下垫面属性变化对水沙变化过程影响的尺度效应,完善下垫面变化对水文过程作用的机制研究。

计算机技术的不断发展、智能进化算法性能的不断改进与机器学习理论与方法的不断完善,为非线性水沙智能预报的深入研究与进一步推广应用提供了契机。以神经网络为代表的机器学习模型可以很好地弥补时间序列模型对非线性非平稳序列拟合不足的问题。但是数据驱动的机器学习技术在水文水资源领域的应用尚不广泛的一个重要的原因是深度神经网络是个黑箱模型,无法了解内部运行机制。因此,未来需要对输入的流域水循环系统水文气象关键要素进行演变规律解析,量化自然变化与人类活动驱动力,这样才能在黄河流域水沙变化研究应用人工智能技术的过程中,解释和理解深层网络做出选择的原因,找到合理机器学习模型结构参数,体现水文传播及其水力学过程,提高方法的科学性及可信性。

参考文献

[1] IPCC. Climate change 2013: the physical science basis[M]. Cambridge: Cambridge University Press, 2013.

[2] 陈操操，谢高地，甄霖. 泾河流域降雨量变化特征分析[J]. 资源科学，2007，29(2):172-177.

[3] 段文军，王金叶，张立杰，等. 1960~2010年漓江流域降水变化特征研究[J]. 水文，2014，34(5):88-93.

[4] 康玲玲，王云璋，王国庆，等. 黄河中游河龙区间降水分布及其变化特点分析[J]. 人民黄河，1999(8):3-5.

[5] 李庆祥，彭嘉栋，沈艳. 1900—2009年中国均一化逐月降水数据集研制[J]. 地理学报，2012，67(3):301-311.

[6] 刘晓燕，李晓宇，党素珍. 黄河主要产沙区近年降水变化的空间格局[J]. 水利学报，2016，47(4):463-472.

[7] 刘晓燕. 黄河近年水沙锐减成因分析[M]. 北京：科学出版社，2016.

[8] 罗琳，王忠静，刘晓燕，等. 黄河流域中游典型支流汛期降雨特性变化分析[J]. 水利学报，2013，44(7):848-855.

[9] 唐蕴，王浩，严登华，等. 近50年来东北地区降水的时空分异研究[J]. 地理科学，2005，25(2):172-176.

[10] 王国安. 黄河洪水[M]//史辅成，易元俊，高治定. 黄河流域暴雨与洪水. 郑州：黄河水利出版社，1997:103-114.

[11] 王万忠. 黄土地区降雨特性与土壤流失关系的研究 Ⅲ——关于侵蚀性降雨的标准问题[J]. 水土保持通报，1984(2):58-63.

[12] 韩作强，张献志，芦璐，等. 厄尔尼诺现象对黄河流域汛期降水的影响分析[J]. 气象与环境科学，2019，42(1):73-78.

[13] 王远见，傅旭东，王光谦. 黄河流域降雨时空分布特征[J]. 清华大学学报(自然科学版)，2018，58(11):972-978.

[14] 赵建华，刘翠善，王国庆，等. 近60年来黄河流域气候变化及河川径流演变与响应[J]. 华北水利水电大学学报(自然科学版)，2018，39(3):1-5,12.

[15] 李晓宇，刘晓燕，李焯. 黄河主要产沙区近年降雨及下垫面变化对入黄沙量的影响[J]. 水利学报，2016，47(10):1253-1259,1268.

[16] 谭云娟，邱新法，曾燕，等. 近50a来中国不同流域降水的变化趋势分析[J]. 气象科学，2016，36(4):494-501.

[17] 杨沛羽，张强，史培军，等. 黄河流域极端降水时空分布特征及其影响因素[J]. 武汉大学学报(理学版)，2017，63(4):368-376.

[18] Qiang Zhang, Juntai Peng, Vijay P Singh, et al. Spatio-temporal variations of precipitation in arid and semiarid regions of China: The Yellow River basin as a case study[J]. Global and Planetary Change, 2014, 114.

[19] 贺振，贺俊平. 1960年至2012年黄河流域极端降水时空变化[J]. 资源科学，2014，36(3):490-501.

[20] 赵翠平，陈岩，王卫光，等. 黄河流域近 50a 极端降水指数的时空变化[J]. 人民黄河，2015，37(1):18-22.

[21] 闵屾，钱永甫. 中国极端降水事件的区域性和持续性研究[J]. 水科学进展，2008，19(6):763-771.

[22] 张耀宗，张多勇，刘艳艳. 近 50 年黄土高原马莲河流域降水变化特征分析[J]. 中国水土保持科学，2016，14(6):44-52.

[23] 陈磊，王义民，畅建霞，等. 黄河流域季节降水变化特征分析[J]. 人民黄河，2016，38(9):8-12，16.

[24] Mellor A, Boukir S. Exploring diversity in ensemble classification: Applications in large area land cover mapping[J]. ISPRS Journal of Photogrammetry and Remote Sensing, 2017, 129: 151-161.

[25] Baojuan Zheng, James B, Campbell, et al. Remote sensing of crop residue and tillage practices: Present capabilities and future prospects[J]. Soil & Tillage Research, 2014, 138: 26-34.

[26] Baoxian Tao, Yuping Wang, Yan Yu, et al. Interactive effects of nitrogen forms and temperature on soil organic carbon decomposition in the coastal wetland of the Yellow River Delta, China[J]. Catena, 2018, 165: 408-413.

[27] Bing Wang, G H Zhang, X C Zhang, et al. Effects of Near Soil Surface Characteristics on the soil Detachment Process in a Chronological series of Vegetation Restoration[J]. Soil & Water Management & Conservation: 2015, 1213-1222.

[28] Boyan Li Wang Wei, Liang Bai, et al. Estimation of aboveground vegetation biomass based on Landsat-8 OLI satellite images in the Guanzhong Basin, China[J]. International Journal of Remote Sensing, 2018, 40: 3927-3947.

[29] Christopher J, Watson NR-CaARH. Multi-Scale Phenology of Temperate Grasslands: Improving Monitoring and Management With Near-Surface Phenocams[J]. Frontiers in Environmental Science, 2019, 7: 1-18.

[30] Du J, Niu J, Gao Z, et al. Effects of rainfall intensity and slope on interception and precipitation partitioning by forest litter layer[J]. Catena, 2019, 172: 711-718.

[31] F S Peterson, J Sexton, K Lajtha. Scaling litter fall in complex terrain: A study from the western Cascades Range, Oregon[J]. Forest Ecology and Management, 2013, 306: 118-127.

[32] FRD Siqueira, WR Schwartz, Helio Pedrini. Multi-scale gray level co-occurrence matrices for texture description[J]. Neurocomputing, 2013, 120: 336-345.

[33] Haidi Zhao S L, Shikui Dong, Xukun Su, et al. Analysis of vegetation change associated with human disturbance using MODIS data on the rangelands of the Qinghai-Tibet Plateau[J]. Rangeland Journal, 2015, 37: 77-87.

[34] Hao Wang, G H Zhang, Ning-ning Li, et al. Soil erodibility influenced by natural restoration time of abandoned farmland on the Loess Plateau of China[J]. Geoderma, 2018, 325: 18-27.

[35] Hao Wang, Guang huiLi, Ning-ning Li, et al. Variation in soil erodibility under five typical land uses in a small watershed on the Loess Plateau, China[J]. Catena, 2019, 174: 24-35.

[36] Jan de Leeuw, A Rizayeva, Elmaddin Namazov, et al. Application of the MODIS MOD 17 Net Primary Production product in grassland carrying capacity assessment[J]. International Journal of Applied Earth Observation and Geoinformation, 2019, 78: 66-76.

[37] Jie Pan, Y Zhu, Weixing Cao, et al. Predicting the protein content of grain in winter wheat with meteorological and genotypic factors[J]. Plant Production Science, 2006, 9: 323-333.

[38] Jing Ge, Baoping Meng, Tiangang Liang, et al. Modeling alpine grassland cover based on MODIS data and support vector machine regression in the headwater region of the Huanghe River, China[J]. Remote Sensing of Environment ,2018,218:162-173.

[39] J Olden, D A Jackson. Torturing data for the sake of generality: How valid are our regression models[J] Ecoscience,2000, 7:501-510.

[40] K Bauer, Y Nyima. Laws and Regulations Impacting the Enclosure Movement on the Tibetan Plateau of China[J]. Himalaya,2011, 30:23-37.

[41] L Collins P G, G Newell, A Mellor. The utility of Random Forests for wildfire severity mapping[J]. Remote Sensing of Environment,2018,216:374-384.

[42] Deng, Zhang Z N, Shangguan Z P, et al. Long-term fencing effects on plant diversity and soil properties in China[J]. Soil & Tillage Research,2014,137:7-15.

[43] Li Xungui, Wang Nqiang, Wei Xia. A Maximum Rating Method for Determination of Abandoned Flood-water in Hyperconcentration Rivers[J]. Resources Science,2010(6):1213-1219.

[44] Long Sun, G-hZ, Fa Liu, et al. Effects of incorporated plant litter on soil resistance to flowing water erosion in the Loess Plateau of China[J]. Biosystems Engineering,2016,147:238-247.

[45] Ranjeet John J C, Vincenzo Giannico, Hogeun Park, et al. Grassland canopy cover and aboveground biomass in Mongolia and Inner Mongolia: Spatiotemporal estimates and controlling factors[J]. Remote Sensing of Environment,2018,213:34-48.

[46] Rasmus Fensholt K R, Thomas Theis Nielsen, Cheikh Mbow. Evaluation of earth observation based long term vegetation trends-Intercomparing NDVI time series trend analysis consistency of Sahel from AVHRR GIMMS, Terra MODIS and SPOT VGT data[J]. Remote Sensing of Environment,2009,113:1886-1898.

[47] Ronald Amundson, A A Berhe, J W Hopmans, et al. Soil and human security in the 21st century[J]. Science,2015,348:1261071.

[48] Shangshi Liu H S, Songchao Chen, Xia Zhao, et al. Estimating forest soil organic carbon content using vis-NIR spectroscopy: Implications for large-scale soil carbon spectroscopic assessment[J]. Geoderma, 2019,348:37-44.

[49] Sibel Taskinsu-Meydan, F Evrendilek, Suha Berberoglu, et al. Modeling above-ground litterfall in eastern Mediterranean conifer forests using fractional tree cover, and remotely sensed and ground data[J]. Applied Vegetation Science,2010,13:485-497.

[50] Tian Zhihui, D Zhang, H E Xiaohui, et al. Spatiotemporal Variations in Vegetation Net Primary Productivity and their Driving Factors in Yellow River Basin from 2000 to 2015[J]. Research of Soil and Water Conservation,2019,26:255-262.

[51] Tianjun Wu W D, Jiancheng Luo, Yingwei Sun, et al. Geo-parcel-based geographical thematic mapping using C5.0 decision tree: a case study of evaluating sugarcane planting suitability[J]. Earth Science Informatics,2018,12:57-70.

[52] Wang G, Wang J, Zou X, H Liu, et al. A Review on Estimating Fractional Cover of Non-photosynthetic Vegetation by Using Remote Sensing[J]. Remote Sensing Technology And Application,2018,33:1-9.

[53] W S Walker, J M Kellndorfer, E LaPoint, et al. An empirical InSAR-optical fusion approach to mapping vegetation canopy height[J]. Remote Sensing of Environment,2007,109:482-499.

[54] X Sun, G Wang, Y Lin, et al. Intercepted rainfall in Abies fabri forest with different-aged stands in south-western China[J]. Turkish Journal of Agriculture and Forestry,2013,495-504.

[55] Xie Xiao-yan, Yongmei Liu, Li Jing-zhong, et al. Remote Sensing Estimation of Plant Litter Cover Based

on the Spectra of Plant Litter-Soil Mixed Scenes[J]. Spectroscopy and Spectral Analysis,2016,36:2217-2223.

[56] Xun Zhou,Zhongping Sun, Suhong Liu,et al. A method for extracting the leaf litter distribution area in forest using chip feature[J]. International Journal of Remote Sensing,2018,39:5310-5329.

[57] Yangcao Zhao, Wenhong Hu,chunhong Wang,et al. Analysis of changes in characteristics of flood and sediment yield in typical basins of the Yellow River under extreme rainfall events[J]. Catena,2019,177:31-40.

[58] Yanli Liu,X Tang, Z Sun,et al. Spatiotemporal precipitation variability and potential drivers during 1961—2015 over the yellow river basin[J]. Weather,2019,99:1-8.

[59] Yi Song,Mingguo Ma, Frank Veroustraete. Comparison and conversion of AVHRR GIMMS and SPOT VEGETATION NDVI data in China[J]. International Journal of Remote Sensing,2010,31:2377-2392.

[60] Y Hu,S Maskey, Stefan Uhlenbrook. Trends in temperature and rainfall extremes in the Yellow River source region, China[J]. Climatic Change,2012,110:403-429.

[61] Zhi L,F L Zheng, W Z Liu, D J Jiang. Spatially downscaling GCMs outputs to project changes in extreme precipitation and temperature events on the Loess Plateau of China during the 21st Century[J]. Global and Planetary Change,2012,82-83:65-73.

[62] ZHOU Shugui,Shao Quanqin, CAO Wei. Characteristics of Land Use and Land Cover Change in the Loess Plateau over the Past 20 Years[J]. Journal of Geoinformation Science,2016,18.